AF346616

INSTRUCTION

SUR LA MANIÈRE DE SE SERVIR

DE LA

RÈGLE A CALCUL,

INSTRUMENT
A L'AIDE DUQUEL ON PEUT
OBTENIR A VUE, SANS PLUME, CRAYON
NI PAPIER, SANS BARRÈME, SANS COMPTE DE TÊTE,
ET MÊME SANS SAVOIR L'ARITHMÉTIQUE,
LE RÉSULTAT DE TOUTE ESPÈCE
DE CALCUL.

(Avec 23 Planches ou Gravures représentant l'Instrument
dans la plupart des opérations.)

PAR PH. MOUZIN.

QUATRIÈME ÉDITION, REVUE ET CORRIGÉE.

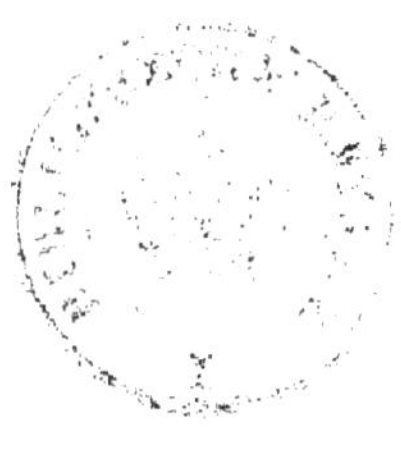

A PARIS,

CHEZ L. MATHIAS (AUGUSTIN), LIBRAIRE,

QUAI MALAQUAIS, 15.

1844.

DIJON, IMPRIMERIE ET FONDERIE DE DOUILLIER.

INTRODUCTION.

⁂

L'ennui des calculs numériques, le peu d'aptitude de certaines personnes pour les mettre en pratique, l'inconvénient des erreurs inévitables lorsqu'on est obligé de calculer dans le tumulte ou dans la foule des affaires, ont conduit à chercher des moyens mécaniques propres à donner à vue le résultat de toutes les opérations.

Plusieurs machines ont été imaginées à cet effet ; mais la plupart d'entre elles, tout ingénieuses qu'elles sont, ne peuvent figurer, vu leur complication, que parmi les objets de curiosité consignés dans les collections académiques.

M. JOMARD, membre de l'Académie royale des inscriptions et belles lettres, a fait connaître en France, et présenté, il y a quelques années, à la Société d'encouragement, une machine à calculer, de la plus grande simplicité, dont il avait vu faire usage en Angleterre, où elle est entre les mains des plus simples ouvriers.

Cet instrument, que sa forme a fait appeler en Angleterre *Sliding Rule* (Règle glissante), et qui a reçu en France le nom de *Règle à Calcul*, fait arriver en un instant aux résultats de calculs longs et pénibles de toute autre manière, et qui par ce moyen ne sont vraiment qu'un jeu.

Utile à l'homme instruit, qu'elle dispense d'une foule d'opérations monotones qui ne peuvent ni captiver son attention, ni s'en passer entièrement, la Règle à Calcul n'offre pas moins d'avantages à celui qui, faute des ressources ou du temps nécessaire à certaines études, ne pourrait, sans son secours, arriver aux résultats qu'elle fait obtenir; et sous ce rapport on peut dire que toutes les conditions de la société sont appelées à jouir de cette invention, dont on doit désirer surtout que l'usage devienne commun dans les manufactures et les ateliers.

Son utilité est tellement reconnue en Angleterre, que, dans les écoles, les enfants apprennent à s'en servir en même temps qu'ils apprennent à lire.

C'est dans le désir de contribuer à en faire adopter l'usage en France, qu'on a rédigé cette instruction; et l'on croira avoir atteint le but que l'on s'est proposé, si l'on est parvenu à y mettre assez de clarté pour que les personnes mêmes qui n'ont sur le calcul que les notions les plus élémentaires, puissent y apprendre au moins à faire les opérations qui sont à leur usage : car, quelque petit que soit ce livre, il n'est pas à beaucoup près nécessaire de le savoir en entier pour profiter des avantages que présente la Règle à Calcul. On y trouve en effet la manière de faire avec cet instrument tous les calculs relatifs au commerce, aux arts, à l'arpentage, au toisé des solides, à la résolution des triangles, etc., etc., et la même personne se trouve bien rarement dans le cas de pratiquer toutes ces opérations.

On pourra donc ne s'attacher qu'à celles qui paraîtront les plus utiles, pourvu qu'on se soit préalablement familiarisé avec les articles principaux, qui sont :

1° La lecture des nombres (pages 11 à 15);

2° La multiplication et la division (pages 17 à 28);

3° Les fractions (pages 28 à 32);

4° Les proportions (pages 38 à 41).

Par les méthodes ordinaires de calculer, il faut long-temps à un élève pour arriver aux proportions, de même que pour opérer sur les fractions; mais avec la Règle tous les calculs se réduisent à si peu de chose, qu'on pourrait indifféremment commencer par les opérations qu'on a l'habitude de considérer comme les plus compliquées.

Si quelques-uns des exemples nombreux qu'on a donnés sur chaque opération présentaient des difficultés aux commençants, ils pourraient sans aucun inconvénient passer ces articles à la première lecture, et n'y revenir qu'après s'être exercés sur les choses qu'ils auraient comprises.

Face d'une Règle à Calcul.

La coulisse un peu tirée fait correspondre ses traits avec ceux de la ligne supérieure.

Fig. 1.

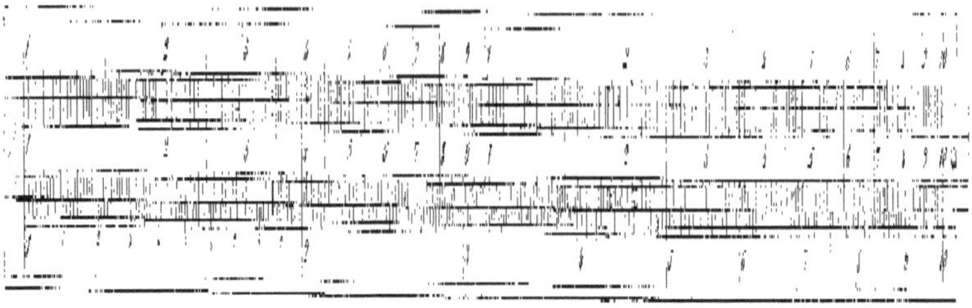

Revers de la Règle à Calcul.

Fig. 2.

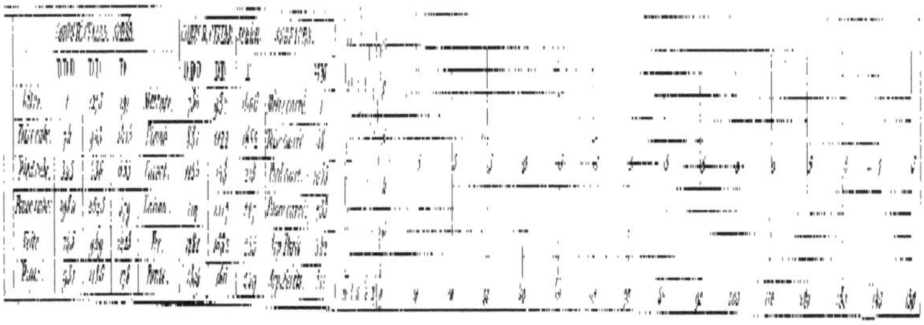

Bord de la Règle divisé en Pouces et Lignes.

Fig. 3.

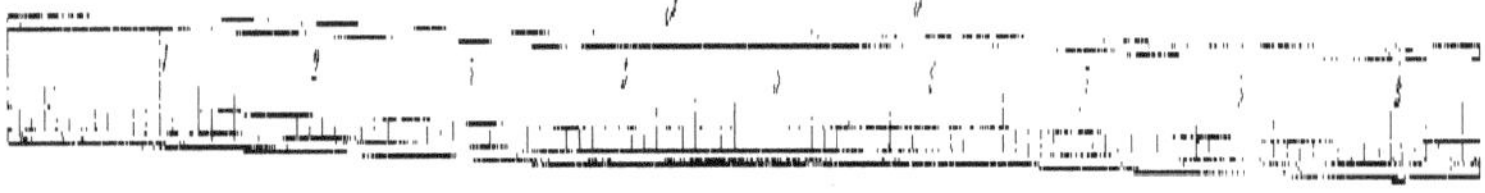

Bord de la Règle divisé en Centimètres et Millimètres.

Fig. 4.

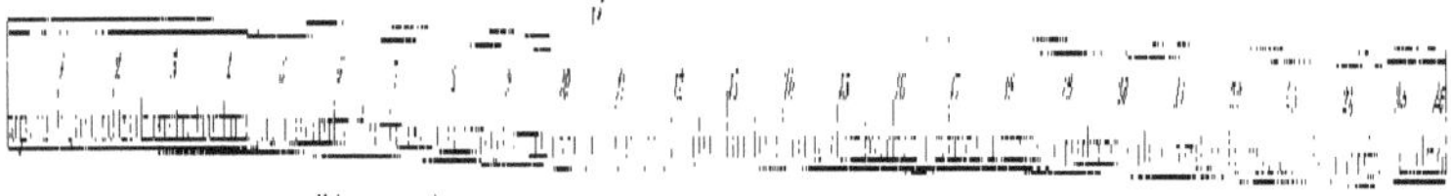

Règle à Calcul dont la coulisse est tirée sur la longueur d'un pied de roi ou 325 millimètres.

Fig. 5.

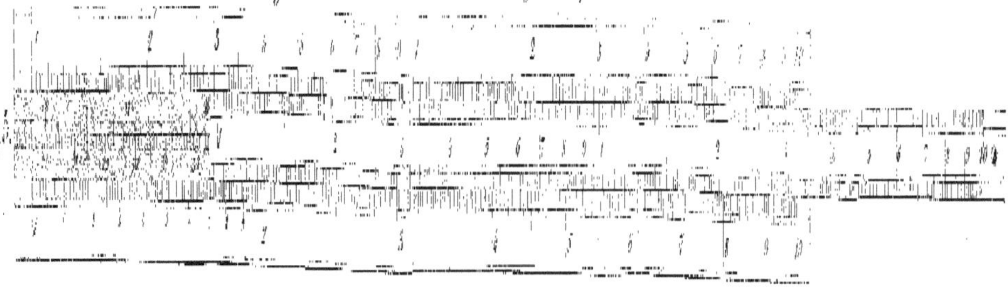

Revers de la Coulisse.

Fig. 6. Logarithmes des Sinus, Tangentes, Nombres.

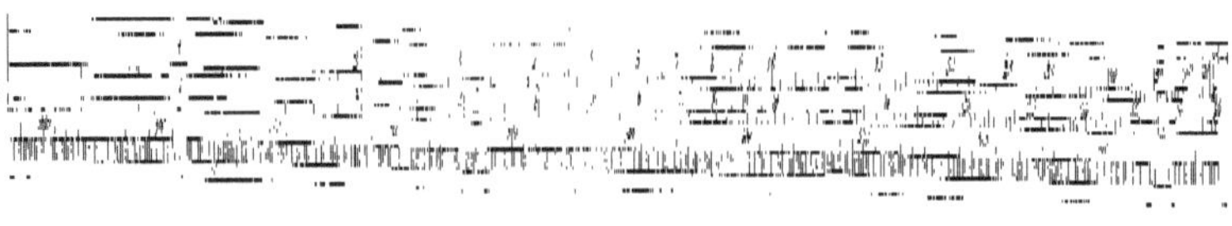

INSTRUCTION

SUR LA

RÈGLE A CALCUL.

PREMIÈRE PARTIE.

DESCRIPTION D'UNE RÈGLE A CALCUL.

1. Cet instrument se compose de deux Règles en bois (ou en cuivre) égales en longueur, mais d'épaisseur et de largeur différentes (figure 1).

La plus petite s'appelle *la Coulisse*, l'autre a conservé le nom de *Règle*.

Sur l'une des faces de *la Règle* on a pratiqué une rainure dans laquelle la Coulisse peut glisser à volonté. Au-dessus et au-dessous de cette rainure on a gravé sur *la Règle* des chiffres et des traits qui sont autant de divisions de la longueur de l'instrument : on a donné le nom de *ligne supérieure* à la partie de la Règle qui est au-dessus de la rainure; elle est partagée en deux parties égales, dont les subdivisions, étant les mêmes, rendent les deux moitiés absolument semblables; chacune de ces moitiés s'appelle *une échelle* [1]. La ligne qui est au-dessous de la rainure

---

[1] Le nombre 10 qu'on a gravé à l'extrémité droite de la deuxième échelle, serait le *un* d'une troisième échelle qui n'est pas marquée sur la Règle.

1*

se nomme *ligne inférieure,* ou mieux encore *ligne des racines carrées ;* ses subdivisions ne forment qu'une seule *série* ou *échelle.*

La Coulisse présente sur ses deux bords des divisions semblables à celles de la ligne supérieure *de la Règle ;* c'est en la poussant ou en la retirant, et en faisant ainsi correspondre les traits qui y sont gravés avec ceux de l'une ou de l'autre des lignes de *la Règle,* que l'on obtient à vue les résultats de toute espèce de calculs.

Sur le revers de *la Règle* (fig. 2) et à la gauche, on a tracé une table de nombres que l'on appelle *indicateurs,* et qui servent dans la pratique à déterminer, à l'aide de la Règle, l'étendue des surfaces, ainsi que le volume, la capacité et le poids des corps. A côté de la table des nombres indicateurs on voit une *échelle de dixme,* dont l'usage est fréquent dans la géométrie pour la réduction des figures du grand au petit.

Les côtés de *la Règle* (fig. 3 et 4) portent des divisions de mesure : l'un est partagé en pouces et lignes, l'autre présente des centimètres et des millimètres. Le fond de la rainure dans laquelle glisse la coulisse, offre aussi une double division en pouces et en centimètres, qui, faisant suite à celles qui sont marquées sur les côtés de la Règle, donne la facilité de se servir de l'instrument comme d'un pied-de-roi ou d'une mesure métrique.

2. Pour avoir une mesure plus longue que la Règle, il suffit de tirer la Coulisse (fig. 5) de gauche à droite, jusqu'à ce que son extrémité gauche marque sur le fond de la rainure le nombre de pouces ou de centimètres dont la mesure qu'on veut obtenir doit être composée,

3. On voit sur le revers de la Coulisse (fig. 6) trois lignes horizontales inégalement divisées dans leur longueur; elles servent de tables de logarithmes [1] des nombres, des sinus et des tangentes.

4. La longueur des Règles portatives est de 26 centimètres; mais pour le bureau on en fabrique de 36 centimètres. On s'est principalement occupé de la première dans la présente instruction, parce que l'usage en convient à un plus grand nombre de personnes; mais lorsqu'on saura se servir de cette Règle, on ne trouvera aucune difficulté à calculer avec la plus grande.

5. Comme la Coulisse doit glisser sans effort dans la rainure, il faut, autant que possible, préserver les Règles en bois de l'humidité, dont l'effet en rendrait l'usage difficile. Un moyen sûr d'éviter cet inconvénient est de les porter dans la poche.

MANIÈRE DE LIRE LES NOMBRES.

6. La manière de lire les nombres sur les échelles de la Règle et de la Coulisse est la première, et l'on pourrait presque dire la seule chose à apprendre pour pouvoir faire usage de la Règle à Calcul; mais c'est aussi la chose indispensable, et sans laquelle il ne faut pas songer à calculer avec la Règle. On doit donc s'attacher à ce premier article, et ne passer à un second que lorsqu'on sera en état de trouver de suite sur la Règle le nombre qui pourrait être proposé. Il faut d'abord s'exercer sur les dizaines, c'est-à-dire sur les nombres qui vont de 10 à 100; après quoi on passera aux nombres qui vont de 100 à 1000. Lorsque

---

[1] La ligne inférieure, étant divisée en demi-millimètres, peut encore servir à mesurer des objets délicats.

l'on sera familiarisé avec ces derniers, l'usage de la Règle ne présentera aucune espèce de difficulté. Au surplus, la lecture des nombres n'est ni longue ni pénible à apprendre; et si l'on insiste sur son importance, c'est dans l'unique vue d'épargner aux personnes qui voudront se servir de la Règle, le désagrément d'être arrêtées à chaque opération par la difficulté de distinguer leurs nombres.

7. Chaque échelle peut représenter tous les nombres : pour cela, il suffit de considérer les chiffres qui y sont marqués comme exprimant, suivant le besoin, des unités, des dizaines, des centaines, des mille, etc., etc. Quelques exemples joints à l'explication qui va suivre suffiront pour familiariser avec cette méthode.

8. Si le nombre proposé n'a qu'un chiffre, sa place sera marquée par le trait qui est à côté (à gauche) de ce chiffre. Ainsi, dans l'échelle A (fig. 7), si l'on veut avoir le nombre *huit*, on prendra le trait n° 8, et ainsi pour les autres.

9. Si le nombre contient des dizaines, il faudra se représenter l'échelle comme exprimant les nombres écrits au-dessus des traits de la figure B.

10. Si le nombre contient des centaines, il faudra voir sur l'échelle les nombres placés au-dessus des traits de la figure C.

11. Pour bien comprendre ce genre de numération, il faut concevoir qu'ayant eu à écrire sur la Règle à Calcul une multitude de nombres pour les chiffres desquels l'espace eût été de beaucoup insuffisant, on a eu l'idée de représenter chaque nombre par un seul trait sans épaisseur, dont le rang dans la série détermine la valeur numérique, de sorte que le pre-

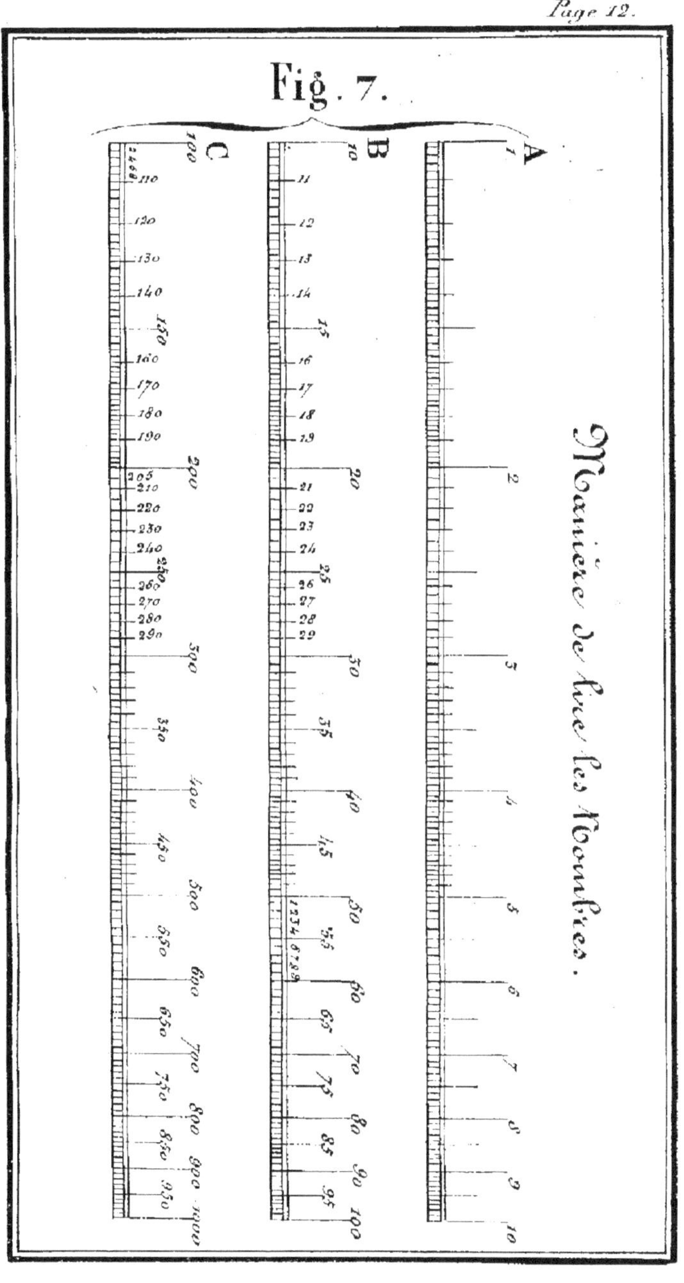

Fig. 7.
A
B
C
Manière de lire les Nombres.

mier trait représente le nombre *un*, le second trait le nombre *deux*, le troisième trait le nombre *trois*, et ainsi de suite.

Après avoir ainsi placé, à des distances déter_minées, les nombres de *un* à *dix*, on a écrit de la même manière entre chacun d'eux les nombres 1, 2, 3, 4, 5, 6, 7, 8, 9, c'est-à-dire qu'on a tracé dans chaque intervalle compris entre les pre_miers traits, neuf autres traits plus petits, dont le premier vaut *un*, le second *deux*, le suivant *trois*, et ainsi de suite. (Voy. fig. 7, échelle **B**, intervalle de 5 à 6 et suivants.)

On est ensuite convenu que chacun des grands traits, qui, pris isolément, représente le chiffre qui l'accompagne, vaudrait des dizaines à l'égard des petits traits qui le suivent; et qu'ainsi, par exemple, le grand trait numéroté 5, accompagné du petit trait qui le suit immédiatement, représenterait 51.

On voit facilement, d'après cela, que, pour avoir un nombre composé d'un seul chiffre, il faut prendre le grand trait qui accompagne ce chiffre (voyez fig. 7, échelle **A**), et que, pour un nombre de deux chiffres, il faut prendre un grand trait pour les di-zaines, et un des petits traits qui sont à la droite du grand pour les unités : ainsi, veut-on avoir le nombre 65, il faut aller au cinquième petit trait qui suit le grand trait numéroté *six*.

On concevra sans doute qu'après avoir écrit, par le procédé qu'on vient d'expliquer, les nombres de deux chiffres, on a pu passer à ceux de trois chiffres en intercalant entre chacun des traits de la deuxième espèce neuf autres traits plus petits qu'eux pour représenter encore les nombres de 1 à 9. C'est aussi ce qu'on a fait quand la place l'a permis, et l'on en voit un exemple sur la ligne inférieure de la Règle dans l'intervalle compris entre les grands traits *un* et *deux* (voyez fig. 1).

Mais, comme sur la Règle de 26 centimètres l'espace n'a pas toujours été assez grand pour recevoir les neuf traits de la troisième espèce [1], on a commencé par ne mettre ces traits que de deux en deux, et alors ils ont représenté les chiffres 2, 4, 6, 8 : tels sont ceux que l'on voit sur la ligne supérieure de la Règle entre *un* et *deux* (voy. fig. 7, échelle C).

L'espace diminuant sensiblement à mesure qu'on avance vers la droite, on n'a pu mettre dans les intervalles de 2 à 5 qu'un seul trait de la troisième espèce : il représente là le chiffre 5 (fig. 7, échelle C).

Dans les intervalles de 5 à 10, il n'y a point de trait de la troisième espèce (fig. 7, échelle C).

On remarquera, d'après ce qui précède, que sur la Règle de 26 centimètres, au-delà du nombre *cent*, les traits ne donnent les nombres que de deux en deux, jusqu'à 200; de cinq en cinq, depuis 200 à 500, de dix en dix, depuis 500 jusqu'à 1000.

12. Ainsi, pour avoir le nombre 101, il faudra prendre la moitié de l'intervalle entre 100 et 102; pour avoir 201; on prendra la cinquième partie de l'intervalle entre 200 et 205, et ainsi de suite. Par ce moyen l'on trouvera.

---

[1] On voit par-là que les résultats des opérations faites avec la Règle à Calcul doivent être d'autant plus exacts que l'instrument est plus grand : mais pour être portatives avec commodité, les Règles ne doivent pas dépasser 26 centimètres, et l'expérience a prouvé que cette dimension pouvait suffire au commerce et aux arts.

125 entre 124 et 126,
218 entre 215 et 220,
524 entre 520 et 530.

13. En général, pour les nombres qui tombent entre les traits, il faudra s'attacher à partager les intervalles aussi exactement que la vue le permettra; mais, pour plus de précision, l'on fera connaître un moyen facile de vérifier le dernier, et même l'avant-dernier chiffre des résultats obtenus sur la Règle à Calcul.

PROPRIÉTÉS ET USAGES DE LA RÈGLE A CALCUL.

14. La propriété fondamentale de la Règle à Calcul, c'est que tous les nombres que l'on peut lire sur la Coulisse, quelque avancée ou reculée qu'elle soit, sont avec tous les nombres qu'on peut lire au dessus de chacun d'eux, sur la partie supérieure de la Règle, dans un même rapport géométrique : c'est-à-dire que, lorsque le nombre *un* de la Coulisse se trouve sous un nombre quelconque de la Règle, le nombre *deux* de la Coulisse, qui est double du premier, se trouvera sous un nombre de la Règle deux fois plus grand que celui qui est au-dessus du nombre *un* de la Coulisse; le nombre *trois* se trouvera sous un nombre triple du premier; *quatre* sous un nombre quadruple, et ainsi de suite.

15. Cette propriété, dont la connaissance sert à comprendre le mécanisme de la Règle dans tous les calculs, fournit le moyen de faire avec cet instrument toutes les réductions d'unités d'une espèce en unités d'espèces différentes, lorsqu'on connaît le rapport qui existe entre elles.

16. Par exemple, si l'on demandait combien 7 pieds

valent en mètres, un pied étant égal à 3 décimètres 25 millimètres, ou, ce qui est la même chose, à 325 millimètres, il suffirait d'amener *un* pris sur la Coulisse au-dessous de 325, expression de la valeur du pied en millimètres, et tous les nombres de pieds prix sur la Coulisse auraient, pour correspondants à la partie supérieure de la Règle, l'expression de leur valeur en mètres; ainsi on lirait (fig. 8):

Lig. sup.	,525	,650	,075	1,500	1,625	1,050	2,275	2,600	2,925
Coulisse.	1 pied	2	5	4	5	6	7	8	9

On voit qu'en cet état la Règle présente un tarif de réduction du pied en mètres et parties décimales du mètre. Il en aurait été de même pour toute autre espèce de mesure, si l'on avait amené le curseur [1] *un* sous le nombre exprimant la valeur de la mesure donnée en unités de l'espèce cherchée.

17. Si l'on amène le curseur sous 0,49, expression de la livre poids de marc en kilogrammes, on aura un tarif pour transformer un nombre quelconque de livres en kilogrammes (fig. 9).

Lig. sup.	0,49	0,98	1,47	1,96	2,45	2,94	5,43	5,92
Coulisse.	1 liv.	2	5	4	5	6	7	8

[1] On a donné le nom de curseur au nombre *un* pris sur la Coulisse, parce qu'en effet, dans la plupart des calculs, il court, c'est-à-dire il est amené au-dessus ou au-dessous des nombres sur lesquels on opère. Ainsi, dans la suite, au lieu d'employer ces mots : *Le nombre un pris sur la Coulisse,* on dira simplement *le curseur.*

On se dispensera aussi de répéter que les nombres sous lesquels le curseur doit être amené, sont toujours à la partie supérieure de la Règle, et que ceux au-dessus desquels il peut être placé, doivent toujours être pris sur la ligne inférieure.

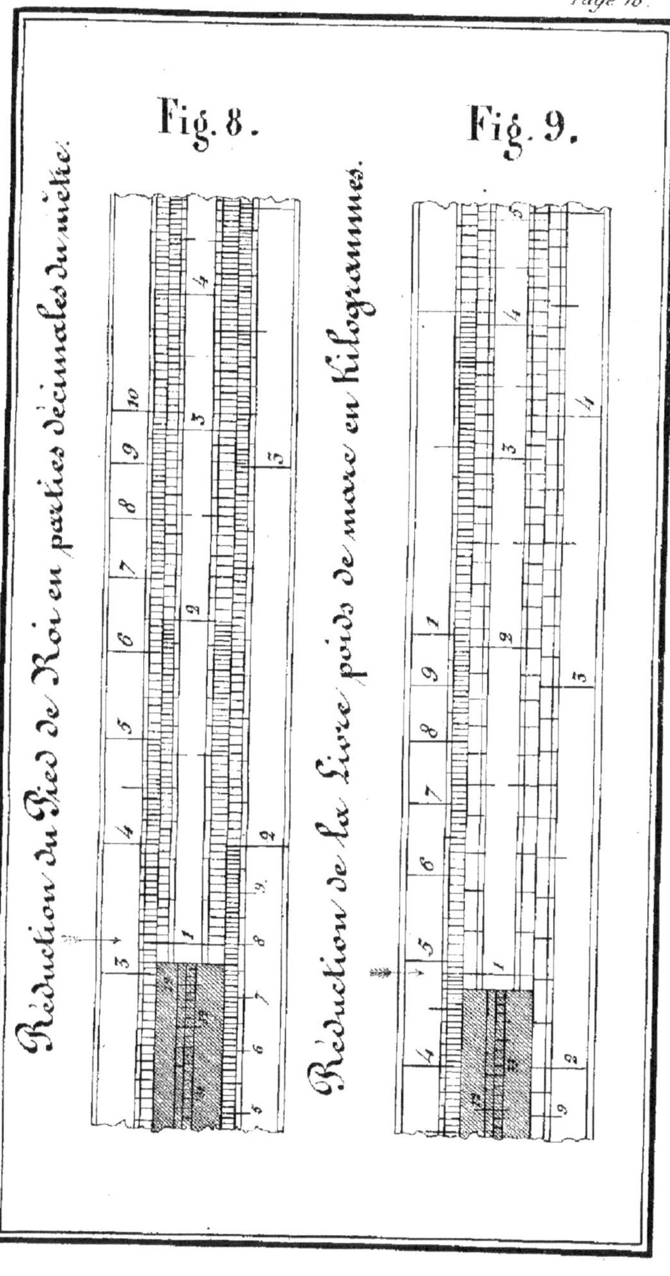

Fig. 8.
Fig. 9.
Réduction du Pied de Roi en parties décimales du mètre.
Réduction de la Livre poids de marc en Kilogrammes.

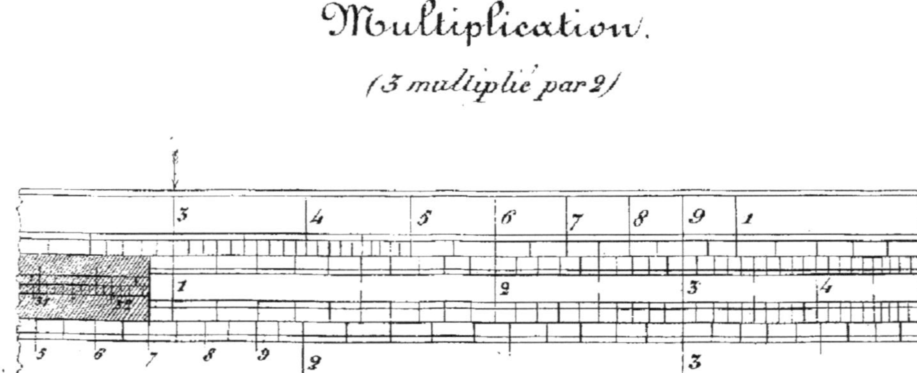

Fig. 10.

Multiplication.

(3 multiplié par 2)

DE LA MULTIPLICATION.

18. Pour multiplier deux nombres l'un par l'autre par le moyen de la Règle à Calcul, il faut amener le curseur sous l'un de ces nombres, et l'autre nombre pris sur la Coulisse aura pour correspondant dans la ligne supérieure le produit de la multiplication.

Exemple. On veut multiplier 2 par 3. Amenant le curseur sous l'un des deux nombres (sous 3 par exemple), au-dessus de l'autre nombre 2, pris sur la Coulisse, on lit le produit cherché, qui est 6 (fig. 10).

19. Pour exprimer d'une manière plus simple l'opération relative à la multiplication, on se contentera désormais d'écrire les nombres de la Coulisse au dessous de ceux qui doivent leur correspondre sur la partie supérieure de la Règle; le produit ou nombre cherché sera toujours désigné par la lettre x, à côté de laquelle on écrira le nombre obtenu; ainsi l'exemple précédent de la multiplication de 2 par 3 s'écrira de la manière suivante :

Ligne supérieure.	3	$x = 6$
Coulisse........	1	2

Exemple 2e. On demande combien font 9 fois 7.

Lig. sup.	7	$x = 63$
Coulisse.	1	9

Exemple 3e. Combien font 35 fois 40 ?

Lig. sup.	35	$x = 1400$
Coulisse.	1	40

Exemple 4e. Quel est le produit de la multiplication de 49 par 37?

Lig. sup.	49	$x = 1813$
Coulisse.	1	37

20. Il est à remarquer que dans la Règle portative de 26 centimètres on ne trouve pas le nombre 1813; on voit seulement que le produit cherché tombe dans l'espace compris entre 1800 et 1820, et à très-peu de chose près au milieu de cet espace, qui correspond au nombre 1810. Il n'y a donc d'incertitude que sur la valeur du dernier chiffre; mais il est facile de le déterminer de la manière suivante :

21. On sait que dans tout produit de la multiplication de deux nombres, le dernier chiffre est le résultat de la multiplication des unités d'un des nombres par les unités de l'autre nombre. Dans l'exemple précédent, 9 exprime les unités du premier nombre, et 7 exprime celles du deuxième. Or, 7 multiplié par 9 égale 63, d'où l'on voit que le dernier chiffre du produit de 49 par 37 est un 3.

22. Le produit de la multiplication de deux nombres doit avoir ou autant de chiffres que les deux nombres ensemble, ou un chiffre de moins que ces deux nombres.

On connaît que le produit doit avoir un chiffre de moins, lorsqu'il se trouve dans la même échelle, c'est-à-dire dans la même moitié de la Règle que le multiplicande (celui des facteurs sous lequel on a amené le curseur.)

Ainsi, dans la multiplication de 3 par 2, on a pour produit le nombre *six*, qui se trouve dans la même échelle que le nombre 3, et qui, suivant ce qui a été observé, contient un chiffre de moins que les deux nombres de la multiplication pris ensemble.

Lorsqu'au contraire le multiplicande et le produit ne se trouvent pas dans la même échelle, on est assuré que le produit est composé d'autant de chiffres qu'il y en a tant dans l'un que dans l'autre des nombres ou facteurs de la multiplication.

Ainsi, dans la multiplication de 35 par 40, on aura pour produit le nombre 1400, qui, se trouvant dans une autre échelle que le nombre 35, sera en conséquence composé d'autant de chiffres qu'il y en a tant dans le multiplicande que dans le multiplicateur.

23. On remarquera facilement que les multiplications opérées sur la Règle par les moyens qui ont été indiqués, ne sont que des conséquences de la propriété fondamentale de cette Règle, qu'on a énoncée plus haut (n° 14), en disant que tous les nombres de la Coulisse sont toujours dans un même rapport, chacun à chacun, avec tous les nombres qui leur correspondent sur la partie supérieure de la Règle.

En effet, pour faire la multiplication de 49 par 37, on a amené *un* de la Coulisse sous 49 de la Règle; puis au-dessus de 37 pris sur la Coulisse, on a cherché le produit, ce qui n'était autre chose que chercher un nombre qui contînt 37 autant de fois que 49 contient *un*, c'est-à-dire qui fût avec 37 dans le même rapport géométrique que 49 est avec *un*.

24. Les multiplications des nombres accompagnés de parties décimales se font sur la Règle de la même manière que celles des nombres simples.

Exemple 5e. Quel est le produit de la multiplication de 4,25 par 3,50?

Lig. sup.	4,25	$x = 14,87$
Coulisse.	1	3,50

25. En général on se contente d'une approximation pour les centimes; et sur la Règle portative de 26 centimètres, il est quelquefois difficile, en opérant comme dans l'exemple précédent, de déterminer avec une rigoureuse précision le nombre exact de ceux qui accompagnent un produit. Cependant, comme il est des circonstances dans la pratique des arts, où la plus

légère différence présenterait de graves inconvénients dans les résultats, il faut connaître le moyen d'obtenir au besoin des produits exacts; voici comment on y parvient :

On retranche les décimales du multiplicande, et l'on opère sur le nombre entier seulement; lorsqu'on á le produit, on multiplie les décimales que l'on avait retranchées, et l'on ajoute leur produit à celui du nombre entier. Ce total offre le produit rigoureusement exact de la multiplication.

Exemple 6e. On demande quelle sera la grandeur de la circonférence d'une roue d'engrenage qui doit avoir à sa surface courbe extérieure 39 dents ayant chacune, y compris l'intervalle, une épaisseur de 2 centimètres et deux millimètres et demi, ou 0m,0225.

On voit facilement que la question se réduit à savoir combien font 39 fois 2 centimètres et 2 millimètres et demi.

Multipliant 39 par 2, on aura :

Lig. sup.	39	$x=78$
Coulisse.	1	2

Sachant que le produit du nombre entier (2 centimètres) est 78, on multipliera 2 ½ millimètres ou 0m,0025 par 39, et l'on aura :

Lig. sup.	0m 0025	$x=$ 0m 0,0975
Coulisse.	1	39

En ajoutant 0,78   produit du chiff. entier (2 centim.) à.......... 0,0975 produit des chiffres décimaux; on aura..... 0,8775 (8 décimètres 77 ½ millim.) pour expression très-exacte de la grandeur demandée.

26. La double opération que l'on vient de faire sert aussi à trouver le produit des nombres composés

de trop de chiffres pour être multipliés d'un seul coup sur la Règle de 26 centimètres.

Exemple 7e. Combien produiraient 3143 multipliés par 23?

En séparant les 2 derniers chiffres à gauche, on aura 31 , 43.

Multipliant 31 par 23, on aura sur la Règle :

Lig. sup.	31	$x = 713$
Coulisse.	1	23

Multipliant ensuite 43 par 23, on aura :

Lig. sup.	43	$x = 989$
Coulisse.	1	23

En considérant 989 comme produit de 2 chiffres décimaux , ce nombre ne vaudrait plus que 9,89, qui étant ajoutés au premier produit 713, feraient un total de 722,89; mais comme il n'y a réellement point de chiffres décimaux dans l'opération, il faut retrancher la virgule, et l'on a 72289 , nombre qui exprime exactement le produit de 3143 multipliés par 23.

27. Cette méthode peut étendre beaucoup les usages de la Règle à Calcul, sans ralentir sensiblement les opérations. Mais lorsque les produits ne sont pas composés de plus de 4 chiffres, c'est-à-dire tant qu'ils ne dépassent pas *dix mille*, on a recours à un moyen plus simple, qui consiste à déterminer l'avant-dernier chiffre du nombre cherché, en ajoutant le dernier chiffre du produit des dizaines à l'avant-dernier chiffre du produit des unités.

Ceci va s'éclaircir par un exemple :

On demande combien font 32 fois 87.

En amenant le curseur sous 32, on voit au-dessus de 87 un nombre qui doit être (n° 22) composé de 4 chiffres, dont le dernier (n° 21) sera 4, et dont les 2 premiers sont 2 et 7 : ainsi l'on a déjà 2704. Mais on voit très-bien que le troisième chiffre ne peut pas être un *zéro*, on distingue même qu'il doit valoir plus de 5, et l'on pourrait dire qu'il n'y a d'incertitude que pour savoir si c'est un 8 ou un 9.

On a dit que, pour déterminer ce chiffre, il fallait *ajouter le dernier chiffre du produit des dizaines à l'avant-dernier chiffre du produit des unités :* or, dans l'exemple donné, 7 représente les unités, et 8 les dizaines.

Multipliant mentalement 32 par 7, on dira : sept fois 2 font 14 : on pose 4, et l'on retient 1 ; sept fois 3 font 21, et un retenu font 22 : on ne s'occupe que du dernier chiffre 2, qui est *l'avant-dernier chiffre du produit des unités.*

Passant aux dizaines, on dira : 8 fois 2 font 16, et l'on verra par-là que *le dernier chiffre du produit des dizaines* est un 6.

Ajoutant ce *dernier chiffre* 6 à *l'avant-dernier chiffre* 2, on aura 8, qui est précisément le chiffre que l'on voulait déterminer, et par ce moyen l'on verra que le produit de 32 par 87 est 2784.

Cette méthode, dont l'explication exigeait quelques développements, présente de très-grands avantages dans la pratique, et n'offre aucune difficulté dès qu'on s'y est exercé deux ou trois fois.

DE LA DIVISION.

28. Pour faire une division avec la Règle à Calcul, on amènera [1] le diviseur sous le dividende, et le quotient ou nombre cherché se trouvera au-dessus du curseur.

---

[1] On remarquera que, le mot *amener* se rapportant toujours à la partie mobile de l'instrument, c'est-à-dire à la Coulisse, il s'ensuit que tout nombre qui doit être *amené* ne peut être pris que sur la Coulisse.

Division.

(9 divisé par 3.)

Fig. 11.

Exemple. Combien de fois 3 est-il contenu dans 9 ?

Lig. sup.	$x=3$	9	
Coulisse.	1	3	(Fig. 11.)

Exemple 2e. Quel est le quotient de la division de 990 par 45 ?

(1) Lig. sup.	$x=22$	990
Coulisse.	1	45

Exemple 3e. On propose de partager 52 livres de viande en 80 portions, ce qui revient à diviser 52 par 80. Quel sera le poids de chaque portion ?

Lig. sup.	$x=65$ centièmes	52
Coulisse.	1	80

29. Rien n'indique sur la Règle que le quotient 65 exprime des centièmes plutôt que des unités ; mais on doit supposer que les personnes qui feront usage de cet instrument auront assez d'intelligence pour ne pas donner au nombre qu'elles liront une valeur dix ou cent fois trop grande ou trop petite, ce qui arriverait infailliblement si l'on ne plaçait pas mentalement dans les nombres obtenus une virgule pour en séparer les chiffres décimaux.

30. Lorsque le quotient d'une division est exprimé par un nombre entier accompagné de chiffres déci-

---

1 On aura pu remarquer encore dans la division opérée par la Règle à Calcul l'effet de la propriété fondamentale qu'on a déjà fait connaître, et que l'on pourrait appeler propriété *proportionnelle*. En effet, lorsqu'on a voulu, dans le deuxième exemple, diviser 990 par 45, on a cherché à faire 45 parties du nombre 990, et chaque partie devait être 45 fois plus petite que le nombre à partager ; or, d'après la loi proportionnelle, 45 étant amené sous 990, un nombre 45 fois plus petit que 45, c'est-à-dire *un*, devait se trouver sous un nombre 45 fois plus petit que 990, c'est-à-dire sous le nombre 22.

maux, ces derniers ne sont souvent indiqués que par une approximation dont on se contente dans la plupart des cas; mais, comme il est des circonstances où l'on doit opérer avec plus d'exactitude, on va faire connaître une méthode qui ne laisse rien à désirer à cet égard.

L'exemple suivant la fera suffisamment comprendre.

Exemple. On demande combien de fois 12 est contenu dans 77.

En amenant 12 sous 77, on verra au-dessus du curseur le chiffre 6 accompagné de 4 dixièmes; on négligera momentanément ces dixièmes, et l'on multipliera le quotient 6 par le diviseur 12. Cette opération donnera pour produit 72 : d'où l'on conclura que pour que 6 soit le quotient exact, il faudrait que le dividende fût 72 au lieu d'être 77, c'est-à-dire qu'il eût 5 unités de moins. On divisera ensuite ce reste de 5 unités par 12, et le quotient de cette nouvelle division exprimera, à un millième près, la valeur des décimales qui doivent accompagner le chiffre 6 pour qu'il soit le quotient exact de la division de 77 par 12.

Ainsi, en opérant de la manière ordinaire, on aurait

Lig. sup.	$x = 6{,}4$	77
Coulisse.	1	12

Et en cherchant, d'après le moyen qu'on vient d'expliquer, quelle est au juste la valeur de la fraction qui accompagne le quotient 6, on trouvera :

Lig. sup.	$x = 0{,}4166$	5
Coulisse.	1	12

On voit que la différence est de 16 millièmes, ou un peu plus d'un centième et demi, ce qui, dans plusieurs circonstances, ne doit pas être négligé.

Coulisse renversée.
Multiplication de 18 par 7.
Fig. 12.
Division de 54 par 18.
Fig. 13.

APPENDICE A LA MULTIPLICATION ET A LA DIVISION.

31. Les multiplications et les divisions peuvent encore se faire avec la Règle à Calcul en renversant la Coulisse (le curseur à droite, et le bouton à gauche), ce qui n'amènera d'autre difficulté que de lire à l'envers les chiffres qui y sont marqués. Mais cette méthode, étant toujours un peu plus longue que l'autre à cause du renversement de la Coulisse, ne doit être employée que dans un petit nombre de cas où elle présente des avantages évidents. On en trouvera les exemples dans cette instruction.

Pour faire la multiplication de cette manière, on amène le multiplicateur sous le multiplicande, et le produit se lit au-dessus du curseur; ainsi, pour multiplier 18 par 7, on aurait (fig. 12):

Ligne supérieure..	$x = 126$	18
Coulisse renversée.	1	7

Pour faire la division, on amène le curseur sous le dividende, et l'on a le quotient au-dessus du diviseur : ainsi, pour diviser 54 par 18, on ferait (fig. 13):

Ligne supérieure..	54	$x = 3$
(¹) Coulisse renversée.	1	18

¹ Lorsque la Coulisse est droite, les nombres sous lesquels peut se trouver le curseur sont multipliés par tous ceux qu'on peut lire sur la Coulisse. Par une propriété analogue, quand la Coulisse est renversée, le nombre sous lequel se trouve le curseur est divisé par tous les nombres de la Coulisse, et l'on peut lire au-dessus de chacun d'eux le quotient de chaque division.

Si donc, après avoir renversé la Coulisse, on amène le curseur, par exemple, sous le nombre 24, on aura:

Ligne supérieure..	24	$x = 3$	$x = 4$	$x = 6$	$x = 8$	$x = 12$
Coulisse renversée.	1	8	6	4	5	2

2

32. Il arrive souvent que, dans le cours d'une opération, le même nombre doit être, de suite, multiplié et divisé par d'autres nombres; c'est-à-dire que le produit de la multiplication d'un nombre par un autre doit être immédiatement divisé par un troisième nombre; ou, ce qui est la même chose, que le quotient de la division d'un nombre par un autre doit être immédiatement multiplié par un troisième.

Cette double opération n'en fait qu'une seule avec la Règle à Calcul.

On la fait en amenant le diviseur sous le nombre donné (celui qu'on veut diviser et multiplier, ou *vice versa*), et le résultat se lit sur la ligne supérieure au-dessus du multiplicateur pris sur la Coulisse.

Exemple 1er. On demande la valeur de 4 divisé par 3, multiplié par 9.

En amenant 3 sous 4 (fig. 14), on aura le résultat sur la ligne supérieure au-dessus de 9.

Lig. supérieure.	4	$x = 12$
Coulisse........	3	9

33. On voit (fig. 14) que la Règle présente tout à la fois le quotient de la division du nombre donné 4, par le diviseur 3, et le produit de la multiplication de ce quotient par le multiplicateur, 9, lequel produit est le résultat définitif de l'opération.

Mais si, avec ce résultat définitif, on voulait avoir, au lieu du quotient de 4 divisé par 3, le produit de la multiplication de 4 par 9, il faudrait renverser la Coulisse (n° 31); puis, amenant le multiplicateur 9

Si la Coulisse eût été droite, on aurait eu :

Lig. sup.	24	$x = 48$	$x = 72$	$x = 96$	$x = 120$
Coulisse.	1	2	3	4	5

Multiplication et Division immédiates d'un nombre par 2 autres nombres

(4 divisé par 3, multiplié par 9.)

Fig. 14.

sous le nombre donné 4, on aurait le produit de ces deux nombres au-dessus du curseur, et le résultat définitif de l'opération au-dessus du diviseur 3; ainsi la Règle présenterait:

Ligne supérieure.	$x = 36$	4	$x = 12$
Coulisse renversée.	1	9	3

Voici des exemples de l'usage et de l'utilité de la division et de la multiplication immédiate.

34. On demande quelle est la surface, en pieds, d'une planche qui a 18 pieds de longueur sur 9 pouces de largeur.

On voit facilement qu'on aura la réponse à la question en multipliant 18 (pieds) par 9 (pouces), comme si ces nombres exprimaient des unités de même espèce, et en divisant par 12 le produit obtenu; on trouvera donc sur la Règle la surface demandée, en faisant:

Lig. sup.	18	$x = 13,50$ ou 13 p. 72 pouc.
Coulisse.	12	9

35. On a livré à un boulanger 300 kilogrammes de farine à 44 centimes l'un, à la condition de recevoir en paiement du pain au prix de 4 sous la livre, ou 40 centimes le kilogramme : on demande combien le boulanger doit fournir de kilogrammes de pain pour se libérer.

Pour connaître la somme due par le boulanger, on multiplierait d'abord 300 kilogr. par 44 centimes; puis, divisant le produit par 40 centimes, le quotient exprimerait le nombre de kilogrammes de pain à fournir :

En amenant 40 sous 300, le résultat se trouvera sur la ligne supérieure, au-dessus de 44. Ainsi l'on aura:

Ligne supérieure. 300 $x = 330$

Coulisse. 40   44

En renversant la coulisse pour faire l'opération, on aurait eu :

Lig. supérieure. $x = 132^{\text{fr}}$. 300^{k}.farine $x = 330^{\text{k}}$.pain

Coulisse renv.   1 - 44   40

On voit que les 300 kilogrammes de farine à 44 c. représentent 132 fr., somme qui est aussi la valeur de 330 kilogrammes de pain à 40 centimes.

DES FRACTIONS.

36. Les fractions sont écrites avec la Règle à Calcul lorsqu'on amène le dénominateur sous le numérateur.

Toutes leurs expressions sont données en même temps par tous les nombres de la ligne supérieure qui correspondent avec ceux de la Coulisse.

Exemple. Si l'on veut exprimer la fraction $^1/_4$, on amènera le dénominateur 4 sous le numérateur *un*, et l'on pourra lire tout à la fois (fig. 15) :

$^1/_4$ $^2/_8$ $^3/_{12}$ $^4/_{16}$ $^5/_{20}$ $^6/_{24}$ $^7/_{28}$ $^8/_{32}$ $^9/_{36}$ $^{10}/_{40}$ etc.

Les fractions se trouvant ainsi exprimées de toutes les manières en même temps, on voit que, pour avoir *la plus simple expression*, il suffit de prendre celle qui a le plus petit numérateur.

37. *La réduction des fractions au même dénominateur* n'offre pas plus de difficulté : car, chaque fraction étant exprimée sous tous les dénominateurs en même temps, il ne faut que regarder sur la ligne supérieure le nombre correspondant au dénominateur que l'on aura choisi sur la Coulisse; ce nombre sera le numérateur de la fraction.

Fractions.

Expressions de la fraction ¼.

Fig. 15.

Exemple. On propose de réduire les fractions $^2/_3$ et $^3/_4$ au même dénominateur 12.

Pour y parvenir, on écrira la première fraction $^2/_3$ en amenant 3 sous 2; puis, cherchant quel est le nombre de la ligne supérieure qui correspond avec 12 pris sur la Coulisse, on trouvera 8, qui sera numérateur de la fraction $^8/_{12}$. On écrira ensuite la fraction $^3/_4$, et au-dessus du dénominateur 12 pris sur la Coulisse on trouvera le numérateur 9, ce qui produira la fraction $^9/_{12}$.

38. Le système décimal étant généralement adopté, et présentant beaucoup d'avantages pour les calculs, il faut de préférence réduire les fractions à leur expression décimale, ce qui se fait en prenant pour numérateur le nombre correspondant au curseur, qui représente alors 10, ou 100, ou 1000, et devient le dénominateur de la fraction.

Par ce moyen les fractions

$^1/_2$ $\quad$ $^1/_4$ $\quad$ $^2/_3$ $\quad$ $^3/_4$ $\quad$ $^5/_8$ $\quad$ $^7/_8$ etc.

seront : 0,50 0,25 0,666 0,75 0,626 0,875, etc.

Dans la plupart des calculs on néglige, comme peu important, le troisième chiffre décimal, qui exprime des millièmes, et l'on se contente des résultats en centièmes.

Il est utile de réduire en décimales, avant toutes opérations, les fractions qui accompagnent les nombres sur lesquels on veut calculer avec la Règle. Ainsi, lorsqu'on aura, par exemple, 3 pieds 7 pouces, on trouvera, en écrivant la fraction $^7/_{12}$, que les 7 pouces valent 583 millièmes de pied.

S'il y avait des lignes avec les pouces, il faudrait donner à la fraction le dénominateur de la plus petite espèce : ainsi, par exemple, pour 7 pouces 8 lignes, au lieu d'écrire la fraction en douzièmes, on l'exprimerait en cent-quarante-quatrièmes de pied, c'est-à-dire en lignes; et, comme 7 pouces 8 lignes valent 92 lignes, on aurait sur la Règle :

Lig. sup.	92	$x = 0{,}645$
Coulisse.	144	1000

On voit que la valeur décimale des 7 pouces 8 lignes est 645 millièmes de pied.

Quand les résultats sont obtenus, il est souvent nécessaire de ramener les fractions décimales qui peuvent les accompagner, à leur expression usuelle : par exemple, lorsqu'on a trouvé qu'une grandeur était 10 toises 68 centièmes, il est bon d'indiquer en pieds et pouces la valeur des 68 centièmes de toise.

On connaîtra exactement cette valeur en pouces (soixante-douzièmes de toise) en faisant :

Lig. sup.	68	$x = 49$
Coulisse.	100	72

On voit que les 68 centièmes valent 49 soixante-douzièmes de toise, c'est-à-dire 49 pouces ou 4 pieds 1 pouce.

DE LA MULTIPLICATION DES FRACTIONS.

39. Pour *multiplier un nombre entier par une fraction;* il suffit d'écrire la fraction comme il est dit n° 36, et le résultat, ou nombre cherché, se trouve sur la ligne supérieure au-dessus de celui qu'on a voulu multiplier.

Exemple. Quel est le produit de 540 multiplié par $^3/_4$? ou, en d'autres termes, quels sont les $^3/_4$ de 540 (fig. 16)?

Lig. sup.	3	$x = 405$
Coulisse.	4	540

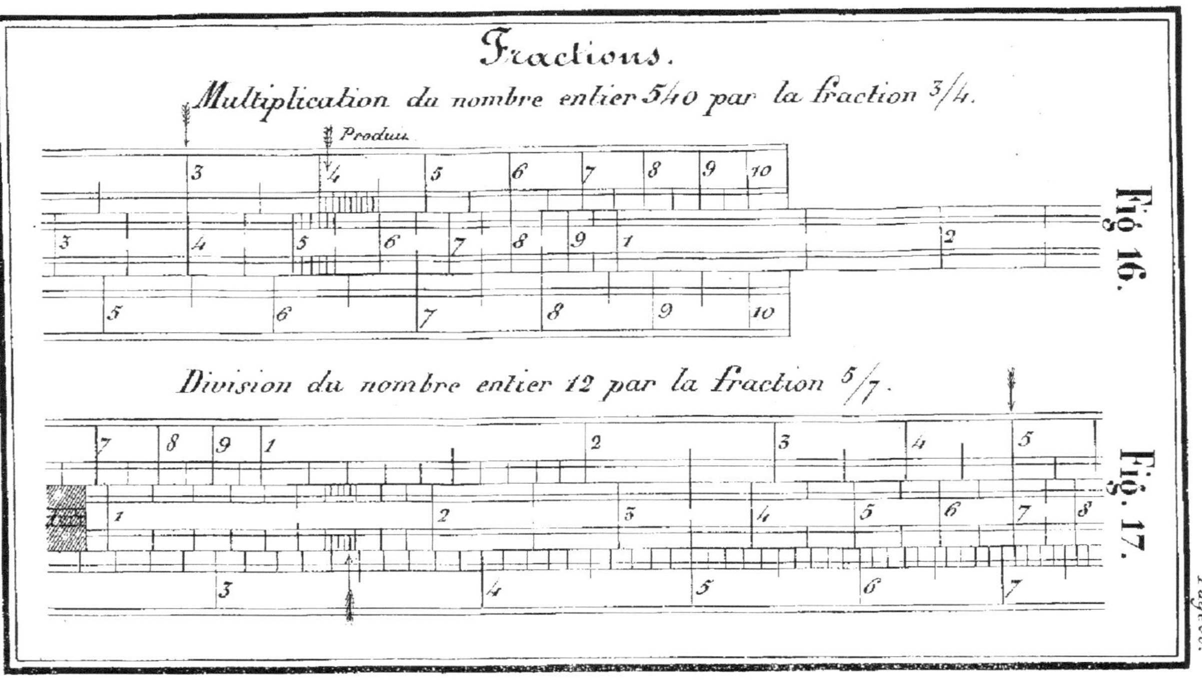

Fractions.
Multiplication du nombre entier 540 par la fraction 3/4.
Produit
Fig 16.
Division du nombre entier 12 par la fraction 5/7.
Fig. 17.
Page 30.

40. Pour *multiplier une fraction par une fraction*, il faut écrire une des fractions (n° 36), et l'on aura le produit sur la ligne supérieure au-dessus de l'expression décimale de l'autre fraction.

Exemple. Quel est le produit de la multiplication de la fraction $5/8$ par la fraction $2/3$?

L'expression de $5/8$ en décimales est 0,625 (n° 38); ainsi l'on aura sur la Règle :

Lig. sup.	2	$x = 0{,}416$
Coulisse.	3	0,625

DE LA DIVISION DES FRACTIONS.

41. Si l'on avait *un nombre entier à diviser par une fraction*, il faudrait écrire la fraction (n° 36), et l'on aurait sur la Coulisse le quotient cherché au-dessous du nombre qu'on aurait voulu diviser.

Exemple. Quel est le quotient de la division du nombre 12 par la fraction $5/7$ (fig. 17)?

Lig. sup.	5	12
Coulisse.	7	$x = 16{,}80$

42. Pour *diviser une fraction par une fraction*, il faut écrire (n° 36) la fraction diviseur, et l'on aura le quotient sur la Coulisse au-dessous de l'expression décimale de la fraction dividende.

Exemple. Quel est le quotient de la fraction $5/6$ divisée par la fraction $7/8$?

L'expression décimale (n° 38) de la fraction $5/6$ est 0,835, ainsi l'on aura sur la Règle :

Lig. sup.	7	0,835
Coulisse.	8	$x = 0{,}955$

43. S'il fallait diviser une fraction par un nombre

entier, on réduirait la fraction en décimales, et l'on opèrerait comme pour la division de deux nombres entiers.

Exemple. Quel est le quotient de la division de la fraction $^3/_4$ par le nombre 5?

En écrivant la fraction $^3/_4$, on verra que son expression décimale est 75 centièmes; on aura donc pour la division :

Lig. sup.	$x = 0{,}15$	0,75
Coulisse.	1	5

DE LA FORMATION DES NOMBRES CARRÉS, ET DE L'EXTRACTION DE LEURS RACINES.

44. On sait que le *carré* d'un nombre est le produit de ce nombre multiplié par lui-même; et que la *racine* d'un carré est le nombre qui, multiplié par lui-même, a produit ce carré.

45. Lorsque la Coulisse est placée de manière que tous ses chiffres correspondent à ceux de la ligne supérieure, ce qui a nécessairement lieu si l'on amène le premier *un* de la Coulisse sous le premier *un* de la Règle, l'instrument présente un tableau de tous les nombres carrés, et de chacune de leurs racines (fig. 1).

46. Les nombres de la ligne inférieure sont les racines carrées de tous les nombres qui leur correspondent sur la Coulisse.

47. Réciproquement, les nombres de la Coulisse sont les carrés de tous les nombres de la ligne inférieure qui se trouvent au-dessous d'eux, chacun à chacun [1].

---

[1] Les mêmes rapports existent entre les nombres de la ligne inférieure et ceux de la ligne supérieure.

48. Il faut remarquer que, pour lire ainsi les carrés et leurs racines, on doit considérer les deux échelles de la Coulisse comme n'en faisant qu'une seule, dont la première moitié représente des unités, et la deuxième des dizaines [1]. Sans cette précaution, les nombres de la Coulisse ne correspondraient plus avec ceux de la ligne inférieure, qui ne forme qu'une seule échelle.

Exemple. On demande la racine carrée de 4.

En prenant ce nombre sur la première échelle de la Coulisse, on trouve qu'il correspond avec 2, qui exprime bien sa racine carrée. Au contraire, si on l'avait pris sur la seconde échelle, on aurait vu qu'il correspondait avec 6,33, qui est la racine carrée de 40.

49. *Les nombres moindres de cent* ne peuvent avoir qu'un chiffre entier à leur racine carrée.

Les nombres supérieurs à cent, mais moindres de dix mille, auront deux chiffres entiers à leur racine.

Les nombres depuis dix mille jusqu'à un million exclusivement, auront trois chiffres entiers à leur racine.

Voici un exemple de l'usage des racines carrées:

On doit planter 1369 arbres en quinconce dans un terrain carré ayant 100 mètres de longueur sur chaque côté : on demande à quelle distance les arbres seront les uns des autres.

[1] Plus simplement encore, on peut dire que la première échelle de la Coulisse présente les nombres carrés qui contiennent un nombre impair de chiffres, et que la seconde échelle renferme ceux dont les chiffres sont en nombre pair. Ainsi, lorsqu'on cherchera la racine carrée de nombres tels que 5, 3,76, 8,90, 0,07, 0,0081, il faudra prendre ces nombres sur la première échelle; mais si l'on voulait obtenir les racines de 24, 38,60, 0,1970, 0,0019, ces nombres devraient être pris sur la seconde échelle.

Le nombre d'arbres compris dans chaque rangée doit être la racine carrée du nombre total des arbres : or, comme tous les arbres doivent être à distance égale, il suffira, pour répondre à la question, de connaître la distance qui sépare les arbres d'une seule rangée. L'opération se réduira donc à diviser la longueur (100 mètres) d'un des côtés du carré en autant de parties que l'indiquera la racine carrée du nombre d'arbres à planter, c'est-à-dire à diviser le nombre 100 (mètres) par la racine carrée de 1369 (arbres).

En cherchant cette racine comme il a été dit ci-dessus, on trouvera 37, qui est le nombre d'arbres à planter sur chaque rangée. Divisant ensuite 100^m par 37, on aura pour quotient 2^m 702; c'est-à-dire un peu plus de 2^m 7 décimètres, ce qui exprime tout à la fois la distance comprise entre chaque arbre, et la longueur du côté de chacun des carrés au milieu desquels les arbres seront plantés.

DE LA FORMATION DES NOMBRES CUBES, ET DE L'EXTRACTION DE LEURS RACINES.

50. On sait que le cube d'un nombre est le produit de ce nombre multiplié deux fois de suite par lui-même; et que la racine cubique est le nombre qui, multiplié deux fois de suite par lui-même, a produit le cube.

51. Si l'on amène le curseur au-dessus d'un nombre quelconque de la partie inférieure de la Règle, le même nombre pris sur la Coulisse aura son cube pour correspondant sur la ligne supérieure.

Exemple. Quel est le cube de 6 (fig. 18)?

Ligne supérieure. $x = 216$

Coulisse.	6	1
Ligne inférieure. .		6

Formation des Nombres cubes.
(216 cube de 6.)
Fig. 18.
2   3   4   5   6   7   8   9   10
5   6   7   8   9   1   2   3   4
5   6   7   8   9   10
Page 34.

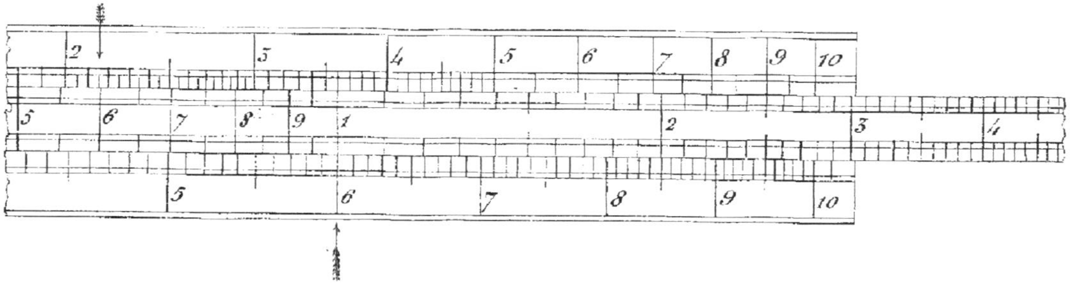

Extraction des Racines cubiques.
7 Racine cubique de 343.
Fig. 19.

52. En partant de ce principe, il suffirait, pour extraire la racine cubique d'un nombre quelconque pris sur la ligne supérieure, de disposer la Coulisse de manière que le même nombre se trouvât, 1º sur la Coulisse au bas du nombre dont on cherche la racine; 2º sur la ligne inférieure au bas du curseur. Ainsi, dans le cas de l'exemple précédent, si l'on cherchait la racine cubique de 216, il faudrait placer la Coulisse de manière que le même nombre se trouvât, 1º sous 216, 2º sous le curseur, et l'on verrait que le nombre 6 est le seul qui réunisse les conditions exigées.

Mais comme cette méthode obligerait à des tâtonnements toujours longs, on va en indiquer une beaucoup plus simple et plus expéditive.

53. On renversera la Coulisse (nº 31); ensuite on amènera sous le nombre dont on cherche la racine le trait nº 10, qui est près du bouton, et l'on regardera quel est le nombre qui correspond à lui-même sur la ligne inférieure et sur la première échelle (du côté du bouton) de la Coulisse renversée : ce nombre sera la racine cherchée.

Exemple. On demande la racine cubique de 343 (fig. 19).

Ligne supérieure. .	343	
Coulisse à rebours.	10	$x=7$
Ligne inférieure. .		$x=7$

On voit ici que la racine demandée est 7.

54. Il n'est pas indifférent de prendre sur l'une ou l'autre des échelles de la ligne supérieure les nombres dont on veut extraire la racine cubique. Voici à cet égard la règle qu'il faut suivre.

Les nombres de cent à mille seront pris comme dans l'exemple précédent, sur la 2e échelle (à droite).

Les nombres de plus de dix et de moins de cent seront pris sur la première échelle (à gauche).

Exemple. Quelle est la racine cubique de 64?

En amenant le trait n° 10 sous 64 pris sur la première échelle, on trouvera sur la ligne inférieure le nombre 4, qui, correspondant avec lui-même sur la première échelle (à gauche) de la Coulisse renversée, sera la racine demandée.

Ainsi l'on aura :

Ligne supérieure..	64	
Coulisse renversée.	10	$x = 4$
Ligne inférieure. .		$x = 4$

Si l'on avait pris le nombre 64 sur la 2e échelle, on aurait vu se correspondre sur la ligne inférieure et sur la Coulisse le nombre 8,62, qui est la racine cubique de 640.

Les nombres inférieurs à dix seront pris aussi sur la première échelle; mais, au lieu du trait n° 10, on amènera sous ces nombres le *un* du milieu de la Coulisse.

Exemple. On demande quelle est la racine cubique du nombre 8.

En amenant sous 8, pris sur la première échelle à gauche, le trait n° 1 du milieu de la Coulisse, on verra sur la ligne inférieure le nombre 2, qui, correspondant à lui-même sur la première échelle de la Coulisse renversée, sera la racine demandée; ainsi l'on aura :

Ligne supérieure..		8
Coulisse renversée.	$x = 2$	1
Ligne inférieure..	$x = 2$	

Si, au lieu du nombre *un* du milieu de la Coulisse,

on avait amené sous 8 le trait n⁰ 10, le nombre correspondant à lui-même sur la ligne inférieure et sur la première échelle de la Coulisse renversée, aurait été 4,31, racine cubique de 80, c'est-à-dire d'un nombre dix fois plus grand que celui donné par la question.

Tout ce qu'on vient de dire, pour l'extraction des racines cubiques, sur les nombres au-dessous de mille, s'appliquera *aux nombres de mille jusqu'à un million*, si l'on considère les mille comme des unités. D'après cela, *les nombres au-dessus de cent mille* seront pris sur l'échelle à droite, *ceux de dix mille à cent mille* seront pris sur l'échelle à gauche, en observant aussi que *si le nombre était inférieur à dix mille*, il faudrait amener sous lui le *un* du milieu de la Coulisse au lieu du trait n⁰ 10.

55. Le nombre des chiffres entiers d'une racine cubique se détermine par la règle suivante:

Si le nombre donné est moindre de mille, sa racine cubique n'aura qu'un seul chiffre entier.

Si le nombre est supérieur à mille, mais moindre d'un million, sa racine aura deux chiffres entiers.

56. Voici un exemple de l'usage des racines cubiques:

On veut construire une caisse, de forme cubique, qui puisse contenir quatre doubles décalitres ou 80 litres, et l'on demande quelle dimension il faut donner à cette caisse.

On sait qu'un litre équivaut en capacité à un décimètre cube: ainsi la caisse que l'on veut construire doit contenir 80 décimètres cubes. En prenant la racine cubique de 80, on aura en décimètres l'expression de la mesure de la caisse en tous sens.

En opérant comme il est dit au n⁰ 53, on aura:

Ligne supérieure. .	80	
Coulisse renversée.	10	$x = 4,31$.
Ligne inférieure. .		$x = 4,31$

On voit par-là que la dimension intérieure de la caisse doit être 4 décimètres 31 millimètres sur toutes faces.

DES PROPORTIONS GÉOMÉTRIQUES.

57. On sait que, lorsqu'on compare deux quantités pour connaître combien de fois l'une contient l'autre ou est contenue en elle, le résultat de la comparaison se nomme leur rapport géométrique.

On sait aussi que, lorsque quatre quantités sont telles que le rapport géométrique des deux premières soit le même que celui des deux dernières, ces quatre quantités forment une proportion géométrique.

58. Pour trouver avec la Règle à Calcul le quatrième terme d'une proportion dont les trois premiers sont connus, il faut amener le second terme au-dessous du premier, et le quatrième terme se trouvera sur la Coulisse au-dessous du troisième pris sur la ligne supérieure.

Exemple. Quel est le quatrième terme de la proportion dont les trois premiers sont $6 : 2 :: 24 : x$?

Lig. supérieure. .	6	24
Coulisse.	2	$x = 8$

On voit que le quatrième terme est 8.

DE LA RÈGLE DE TROIS DIRECTE ET SIMPLE.

59. Cette règle, n'ayant pour objet que de trouver le quatrième terme d'une proportion, ne donnera lieu à aucune nouvelle explication. On se bornera en conséquence à en donner quelques exemples.

1er *Exemple.* 40 ouvriers ayant fait 26 toises d'ouvrage, on demande combien 60 ouvriers en feraient dans le même temps.

Lig. supérieure..	40	60
Coulisse........	26	$x = 39$

2e *Exemple.* Un navire a fait 24 lieues dans 3 jours : on demande combien il lui faudra de temps pour en faire 200 avec le même vent ?

Lig. sup...	24	200
Coulisse...	3	$x = 25$

3e *Exemple.* Si 21 kilogrammes coûtent 19 fr. 80 c., combien coûteront 25 kilogrammes ?

Lig. sup..	21	25
Coulisse..	19,80	$x = 23$ fr. 60 c.

DE LA RÈGLE DE TROIS INVERSE ET SIMPLE.

60. On sait qu'une règle de trois est dite inverse lorsque des quatre quantités qui entrent dans l'énoncé de la question pour laquelle on fait cette opération, les deux principales se contiennent l'une l'autre dans un ordre opposé à celui des deux autres quantités qui leur sont relatives.

L'arithmétique apprend à ramener, par l'arrangement des termes, l'opération à une règle de trois directe : mais la Règle à Calcul peut dispenser de toute peine à cet égard.

Exemple. 30 hommes ont fait un ouvrage en 25 jours : combien faudra-t-il d'hommes pour faire le même ouvrage en 10 jours ?

On voit qu'il faut d'autant plus d'hommes que le nombre de jours est moindre, et que le nombre d'hommes cherché doit contenir le nombre de 30 hommes autant de fois que 25 jours contiennent 10 jours; l'opération se réduit donc à trouver le quatrième terme d'une proportion commençant par les trois suivants:

$$10 \text{ jours} : 25 \text{ jours} :: 30 \text{ hommes} : x$$

Ligne sup. .   10   30

Coulisse. .   25 $x = 75$ hommes.

61. Si l'on veut s'éviter le raisonnement qu'il a fallu faire pour arranger les termes de la proportion dans un ordre convenable, on n'aura besoin que de renverser la Coulisse : ainsi, dans l'exemple précédent, dont l'énoncé était

$$30 \text{ hommes} : 25 \text{ jours} :: 10 \text{ jours} : x,$$

on aura : Ligne supérieure. . .   30 $x = 75$

Coulisse renversée. .   25   10

DE LA RÈGLE DE TROIS COMPOSÉE.

62. L'arithmétique apprend qu'une règle de trois composée doit être ramenée à l'état simple avant l'opération. Sans entrer à cet égard dans des détails que chacun connaît, on va se borner à donner ici un exemple :

On demande combien 54 hommes pourront faire de toises d'ouvrage en 30 jours, lorsque 27 hommes ont fait 130 toises en 20 jours.

Il est visible que 27 hommes qui ont travaillé pendant 20 jours ont fait autant d'ouvrage que 20 fois 27 hommes, c'est-à-dire 540 hommes qui auraient travaillé pendant un jour.

Pareillement, 54 hommes, travaillant 30 jours, feront autant que 30 fois 54 ou 1620 hommes travaillant un jour.

La question est donc changée en celle-ci : 540 hommes ont fait 130 toises d'ouvrage : combien 1620 hommes en feront-ils dans le même temps ? C'est-à-dire qu'il faut chercher le quatrième terme d'une proportion qui commencerait ainsi :

$$540 : 130 :: 1620 : x$$

Lig. supér.	540	1620
Coulisse. .	130	$x = 390$ toises.

DE LA RÈGLE DE SOCIÉTÉ.

63. On sait que le but de la règle de société est de partager un nombre proposé en parties qui aient entre elles des rapports donnés. Cette opération, sur la Règle à Calcul, se fait de la manière suivante :

Exemple. On veut partager 4800 f. de bénéfice entre trois associés, dont l'un a mis dans le commerce 8000 f., le second 5000 f., et le dernier 3000 f.

On additionne les trois mises de fonds des associés, ce qui, dans l'exemple, donne 16000 f. Sous cette somme on amène 4800 f., et la part de chaque associé dans le bénéfice se trouve sur la Coulisse au-dessous de sa mise de fonds.

Lig. sup.	16000 f.	8000 f.	5000 f.	3000 f.
Coulisse.	4800	$x = 2400$	$x = 1500$	$x = 900$

DE LA RÈGLE D'INTÉRÊT.

64. La règle d'intérêt a pour but de déterminer la somme due pour la jouissance d'un capital d'argent prêté à certaines conditions.

65. Pour trouver l'intérêt produit par un capital dans un temps déterminé, il faut connaître le taux de l'intérêt, c'est-à-dire savoir combien 100 f. doivent produire au bout d'un an.

Exemple 1er. On demande quel sera, au bout d'un an, l'intérêt de 450 f. au taux de 5 pour cent par an?

On fera ce raisonnement: Si cent francs produisent 5 fr., combien produiront 450? Et la réponse à la question se trouvera en faisant sur la Règle la proportion suivante:

Lig. supérieure.	100	450
Coulisse......	5 f.	$x = 22$ f. 50 c.

Exemple 2e. Quel sera l'intérêt de 845 f. au bout de onze mois, à raison de 6 pour cent par an?

On verra facilement [1] que 100 f., à 6 pour cent par an, produisent 5 f. 50 c. au bout de 11 mois; ainsi l'on fera:

Ligne supér..	100	845
Coulisse....	5 f. 50 c.	$x = 46$ f. 47 c.

Exemple 3e. On a donné 7000 f. pour rembourser un capital avec deux années d'intérêts à 6 p. cent: on demande quel était le capital prêté?

100 f. à 6 pour cent auraient produit, au bout de 2 ans, 12 f. d'intérêts, qui, réunis au capital, feraient un total de 112 f.; d'après cela on dira: si 112 f. sont le produit de 100 f., quelle somme auront produite 7000 f.? La réponse se lira en faisant:

Ligne supér.	112 f.	7000 f.
Coulisse....	100 f.	$x = 6250$ f.

---

[1] Si l'on était embarrassé pour trouver le produit de 100 fr. pendant 11 mois, on ferait la proportion:

Ligne supérieure.	12 mois	11 mois
Coulisse........	6 francs.	$x = 5$ f. 50 c.

Exemple 4e. A quel prix faudrait-il acheter des rentes à 5 p. cent, pour placer son argent à 6 p. cent?

Lig. supér.	$x = 83$ f. 50 c.	100 f.
Coulisse...	5 f.	6 f.

Exemple 5e. A combien place-t-on son argent en achetant à 76 f. des rentes à 3 pour cent?

Ligne supér.	76 f.	100 f.
Coulisse....	3 f.	$x = 3$ f. 95 c.

RÈGLE D'ESCOMPTE [1].

Dans les négociations d'effets qui se font chez les banquiers ou à la bourse, et dans beaucoup d'autres opérations de commerce, l'usage est de compter les intérêts par jour, et d'en énoncer le taux en disant ce que 100 f. produisent d'intérêt par mois.

Quoique la loi ait limité l'intérêt commercial à six pour cent par an, ce qui fait *un demi*-franc par mois, il arrive souvent que l'éloignement des lieux où les effets sont payables, ou d'autres circonstances qui en rendent le recouvrement difficile, font élever l'escompte au-dessus du taux légal.

Quelquefois aussi l'abondance du numéraire fait réduire l'escompte bien au-dessous de six pour cent par an, et même la banque de France est dans l'usage d'escompter les effets au taux de quatre pour cent par an, ce qui ne fait qu'un tiers ou environ 33 centimes par mois.

66. Ordinairement le taux de l'intérêt mensuel

---

1 On appelle escompte la déduction que fait celui qui paie une somme avant son échéance, d'une partie de cette somme, pour lui tenir lieu de l'intérêt de l'argent avancé, depuis le jour du paiement anticipé jusqu'à celui de l'échéance.

est exprimé par une fraction : ainsi l'on dit et l'on écrit que l'escompte est à $1/4$, $1/3$, $1/2$, $9/16$, $7/12$, $5/8$, $3/4$, $4/5$, $5/16$, $7/8$, $11/12$, $15/16$, etc., etc., pour cent par mois.

Pour savoir à combien pour cent l'argent revient par mois et par an, à chacun de ces taux exprimés en fraction, il suffit d'écrire la fraction (n° 36), et l'on a tout à la fois l'intérêt d'un mois au dessus du curseur, et l'intérêt d'une année au dessus du nombre 12.

Exemple. A combien pour cent, par mois et par an, revient l'intérêt au taux de $5/8$?

Lig. sup.	$x = 0$ f. 625	$x = 7$ f. 50	5
Coulisse.	1 mois	12 mois	8

67. Il est sans doute inutile de faire remarquer, d'après cet exemple, que, si l'intérêt était indiqué par le taux annuel, on aurait l'intérêt d'un mois au-dessus du curseur, dès qu'on aurait amené le nombre 12 de la Coulisse au-dessous de la somme exprimant l'intérêt de l'année ; et réciproquement, que si le taux de l'intérêt était établi d'après ce qu'il produit pour cent par mois, en amenant le curseur sous cette somme mensuelle, on aurait l'intérêt d'un an au dessus du nombre 12.

68. Lorsque le curseur se trouve sous l'intérêt d'un mois, et le nombre 12 sous l'intérêt d'un an, comme dans l'exemple ci-dessus (n° 66), toute somme prise sur la coulisse a pour correspondant, sur la ligne supérieure, le nombre exprimant l'intérêt qu'elle produit par mois au taux déterminé par le curseur et par le nombre 12.

Ainsi, dans cet exemple, si l'on prenait au hasard sur la Coulisse des sommes telles que 240 f., 315 f., 720., etc., etc., on aurait :

Lig. sup.	$x=1$ f. 50	$x=1$ f. 97	$x=4$ f. 50	0,625
Coulisse.	240	315	720	1

Les sommes 1 f. 50 c., 1 f. 97 c. et 4 f. 50 c. expriment bien l'intérêt, pour un mois, des sommes 240 f., 315 f. et 720 f., au taux de $5/8$ (625 millimes) par mois, ou 7 f. 50 c. par an.

69. Connaissant, d'après ce qui vient d'être dit, le moyen de déterminer l'intérêt pour un mois d'une somme quelconque, à tous les taux possibles, on sentira facilement que, pour avoir l'intérêt d'une certaine somme pendant un nombre de jours donné, il faudra amener sous 30 (jours) l'intérêt d'un mois de la somme en question, et lire le résultat de l'opération sur la Coulisse, au dessous du nombre de jours donné.

Exemple. Quelle somme recevra-t-on pour une lettre de change de 838 f., payable au bout de 80 jours, en la cédant à un banquier qui retiendra pour escompte $9/16$ pour cent par mois?

La question est : Quel est l'intérêt de 838 f. pendant 80 jours, à raison de $9/16$ pour cent par mois?

En écrivant sur la Règle la fraction $9/16$, on verra sur la ligne supérieure au-dessus de 838 f. le nombre 4,71, qui exprime l'intérêt, pour un mois, de 838 f.; on aura donc :

Ligne supér.	9	$x=4,71$
Coulisse....	16	838

Sachant par ce moyen que 4 f. 71 c. est l'intérêt de 838 f. pendant 30 jours, au taux donné par la question, on aura l'intérêt de la même somme pendant 80 jours, en faisant :

Lig. supér.	30 jours	80 jours
Coulisse...	4,71	$x = 12,60$

On voit que, le banquier ayant à retenir, pour l'escompte, 12 f. 60 c., on ne recevra pour les 838 f. que 825 f. 40 c.

70. Si, connaissant l'escompte retenu par un banquier sur une somme par lui avancée, on demandait à quel taux la négociation a été faite,

Il faudrait amener le nombre exprimant le montant de l'escompte sous le nombre de jours d'après lequel il aurait été calculé, et l'on aurait, sous le nombre 30 (jours), l'intérêt, pour un mois, de la somme escomptée [1] par le banquier.

Par un second mouvement de coulisse, on amènerait la somme escomptée sous l'intérêt d'un mois, et l'on verrait tout à la fois le taux par mois au-dessus du curseur, et le taux par an au-dessus du nombre 12.

Exemple. On a remis à un banquier un billet de 1070 f. payable au bout de 75 jours, dont il a fourni la valeur, moins 16 f. 72 c. qu'il a retenus pour escompte : on demande à combien pour cent par an ou par mois cette négociation a été faite ?

Amenant 16 f. 72 c. sous 75 (jours), on lira sous 30 (jours) l'intérêt de la somme 1070 f. pendant un mois ; ainsi l'on aura :

Lig. sup.	75 jours	30 jours
Coulisse.	16,72	$x = 6$ f. 70 c.

Plaçant ensuite la somme 1070 sous 6,70, son

---

[1] On entend ici par *somme escomptée* la somme totale énoncée dans le billet, et sur laquelle l'escompte est perçu.

intérêt pour un mois, on aura le taux par mois au-dessus du curseur, et le taux annuel au-dessus du nombre 12 ; ainsi l'on verra :

Lig. sup.	$x = 0$ f. 625	$x = 7$ f. 50	6,70
Coulisse.	1	12	1070

L'escompte a été perçu à raison de sept et demi ou 7 f. 50 c. par an, ce qui fait 625 millimes par mois, ou $\frac{5}{8}$.

71. Comme les banquiers sont dans l'usage de percevoir, à titre de commission sur les opérations qu'ils font, un droit fixe qui est le plus souvent d'un demi pour cent, quelle que soit l'échéance des effets qu'ils escomptent, il faut, lorsqu'on veut détermi-ner le taux de l'intérêt d'après la somme retenue par le banquier, déduire d'abord de cette somme le montant de la commission, et ne considérer que le surplus comme escompte.

72. Lorsqu'on opère sur des nombres un peu éle-vés, on commence, pour plus d'exactitude, par dé-terminer l'intérêt de 100 f. au taux et pendant le nombre de jours donnés par la question. Amenant ensuite sous l'expression de cet intérêt la somme *cent* (francs) qui l'a produit, on voit l'escompte demandé au-dessus de la somme donnée.

Exemple. On demande quel sera pour 74 jours l'escompte à 6 pour cent par an ($\frac{1}{2}$ p. cent par mois) d'une somme de 7495 fr. ?

Sachant (n° 65) qu'à 6 p. cent l'intérêt de 100 f. pour un mois ou 30 jours est 50 centimes, on aura l'intérêt de 74 jours en faisant :

Lig. sup.	0,50 centimes	$x = 1$ f. 233
Coulisse.	30 jours	74 jours

Amenant 100 f. sous 1 f. 233, on aura l'escompte demandé au-dessus de la somme 7495 fr.; ainsi la Règle présentera :

Lig. sup.	1 f. 233	$x = 92$ f. 43 c.
Coulisse.	100	7495

Comme on ne distinguerait pas facilement les 43 centimes sur la Règle de 26 centimètres, on lit séparément l'intérêt des sommes de la Coulisse qui correspondent exactement avec les traits de la ligne supérieure. Dans l'exemple ci-dessus, on voit :

Au-dessus de 6000 f. 74   »
    id.   1460 18   »
    id.   35 .... 0, 43

Capital. 7495	Intérêt. 92, 43

73. Dans les maisons de banque, où il y a presque continuellement des calculs d'intérêt à faire, on emploie ordinairement une méthode abrégée que l'on va faire connaître ici, parce qu'elle est facile à suivre en opérant avec la Règle [1].

On a remarqué que l'intérêt d'une somme pendant un jour, au taux de six pour cent par an, représente la six millième partie de cette somme; c'est-à-dire que, si l'intérêt avait couru pendant six mille jours, il s'élèverait au même chiffre que le capital. D'après cela, on a une proportion qui peut être énoncée en ces termes :

---

[1] Cette méthode, bien qu'à peu près généralement adoptée, n'est pas d'une exactitude rigoureuse, parce qu'on n'y compte l'année que pour 360 jours au lieu de 365. La légère différence qui résulte de cette manière d'opérer est à l'avantage de celui qui perçoit l'intérêt, attendu qu'il compte pour chaque jour la 360e partie de l'intérêt d'un an, tandis que ce ne devrait être que la 365e partie.

Six mille jours sont au capital, comme le nombre de jours donné est à l'intérêt cherché. Ainsi, pour quatorze cents francs pendant quatre-vingt-dix jours, on aurait :

$$6000 \text{ jours} : 1400 \text{ f.} :: 90 \text{ jours} : x = 21 \text{ f.}$$

et sur la Règle :

Ligne supérieure.	1400 f.	$x = 21$ f.
Coulisse........	6000	90

74. On voit qu'il est facile de trouver par ce moyen l'intérêt à six pour cent de toute somme placée pendant un nombre de jours déterminé; mais lorsque le taux de l'intérêt varie, le nombre *six mille* doit être changé dans la proportion; par exemple, à *cinq pour cent* par an, il faut y substituer *sept mille deux cents,* nombre qui exprime la partie aliquote dont le capital s'augmente chaque jour par l'accumulation de l'intérêt à 5 p. 100.

On sent que moins l'intérêt est élevé, plus est grand le nombre de jours après lequel l'intérêt égale le capital prêté, et que dès-lors, puisqu'il faut *six mille jours* au taux de *six pour cent,* il en faudrait *douze mille* si l'intérêt n'était perçu qu'à raison de *trois pour cent* par an.

75. Le nombre à employer pour chaque taux d'intérêt se détermine par une proportion : par exemple, si l'on demande après combien de temps une somme placée à *quatre et demi* pour cent par an sera doublée par l'accumulation des intérêts, on dira :

$$4 \text{ f. } 50 \text{ c.} : 360 \text{ jours} :: 100 \text{ f.} : x = 8000 \text{ jours}$$

et l'on aura sur la Règle :

Lig. sup.	360 jours	$x = 8000$ jours
Coulisse.	4,50	100

3

76. **Pour** avoir un tarif des nombres à employer à tous les taux d'intérêt, il suffira de renverser la Coulisse (n° 31), et de faire correspondre le trait n° *six* pris sur la Coulisse, avec le même trait de la ligne supérieure de la Règle. Dans cette position, tous les nombres de la Coulisse et de la ligne supérieure exprimeront respectivement les uns à l'égard des autres le taux de l'intérêt et le nombre de jours après lequel cet intérêt égale le capital qui l'a produit; ainsi l'on aura :

Lig. supér.	2 %	3 %	4 %	5 %	6 %, etc.
Coul. renv.	18000	12000	9000	7200	6000, etc.

Et en même temps on pourra lire :

Lig. supér.	18000	12000	9000	7200	6000
Coul. renv.	2 %	3 %	4 %	5 %	6 %

Bien que dans les opérations d'escompte l'usage à peu près général soit de retenir, au moment de la négociation, l'intérêt de la somme avancée, cette manière de calculer ne peut être considérée comme exacte, en ce sens, qu'elle élève l'intérêt au-dessus du taux énoncé.

Si l'on suppose, en effet, qu'une somme de mille francs soit prêtée pour une année à 5 p. 100, l'intérêt dû à la fin de l'année sera de cinquante francs, *vingtième de la somme avancée* : en sorte que le prêteur qui aura fourni 20 fois 50 fr. ou 1000 fr., recevra 1050 fr., ou 21 fois 50 fr. En ce cas, 20 parties en auront produit une vingt-unième à titre d'intérêt. Mais si les 50 fr. représentant cet intérêt avaient été retenus au moment du prêt, la somme fournie n'aurait plus été que de 950 fr., ou dix-neuf fois 50 fr., dont l'intérêt (ou la vingtième partie) ne s'élèverait, au bout de l'année, qu'à 47 fr. 50 c. Dès-lors, pour se libérer du principal et de l'intérêt à 5 p.100, le débiteur ne devrait payer que 997 f. 50c. au lieu de 1000 f.; et, en donnant cette dernière somme, il supporte l'intérêt à 5 ¼ pour cent, au lieu de 5.

Pour déterminer avec exactitude la somme qui, sans excéder le taux convenu, pourrait être retenue au moment de l'avance des fonds, on ajoute l'intérêt d'un an à la somme de cent francs, ce qui, dans l'exemple posé ci-dessus, donnerait 105 fr. Puis on fait ce raisonnement : si 105 fr. ont été produits au bout d'un an par 100 fr., quelle est la somme qui, après le même temps, produira 1000 fr. ? et l'on a la proportion $105 : 100 :: 1000 : x$. Le quatrième terme, ou la somme que doit fournir le prêteur, est 952 fr. 32.

DE LA RÈGLE CONJOINTE.

77. La règle conjointe a pour objet de trouver le rapport de deux choses entre elles, lorsqu'on connaît le rapport qui existe entre chacune d'elles et une troisième chose.

78. *Exemple.* On demande ce que valent 27 toises anglaises en mètres; et pour résoudre cette question, on donne les rapports suivants :

115 mètres valent 59 toises françaises.

76 toises françaises valent 81 toises anglaises.

Pour arriver au résultat, il faut chercher d'abord combien 27 toises anglaises valent de toises françaises : ce qu'on saura en amenant 76 sous 81, et en regardant quel est le nombre de la Coulisse qui se trouve sous 27.

Ligne supér.	27	81
Coulisse....	$x = 25{,}3$	76

Sachant maintenant que 27 toises anglaises valent 25 toises françaises et 3 dixièmes, et l'énoncé de la question ayant appris de plus que 59 toises françaises valaient 115 mètres, la question sera réduite à savoir combien 25 toises françaises et 3 dixièmes valent en mètres, lorsque 59 de ces toises représentent 115 mètres; et la réponse se lira sur la Coulisse au-dessous du nombre 25,3, lorsqu'on aura amené 115 sous 59.

Lig. sup.	59	25,3
Coulisse.	115	$x = 49$ mèt. 37 centimèt.

79. Ce qui s'est passé dans cet exemple aurait eu lieu pareillement s'il s'était trouvé plusieurs mesures intermédiaires entre les mètres et les toises anglaises. Seulement il aurait fallu chercher autant de résultats sur la Règle qu'il y aurait eu d'intermédiaires.

DE LA RÈGLE DE FAUSSE POSITION.

80. La *règle de fausse position*, qui serait appelée à plus juste titre *règle de supposition*, a pour objet de trouver un nombre inconnu, d'après des conditions données, en opérant suivant ces conditions, sur un nombre supposé, c'est-à-dire choisi arbitrairement par la personne à qui la question est proposée.

Exemple. Un particulier a institué un héritier, et l'a chargé par son testament de payer, à titre de legs, le tiers de son bien à un de ses amis, et les deux cinquièmes à un autre; il reste à l'héritier, après le paiement de ces legs, une somme de 32,000 f.; on demande combien il y avait dans la succession, et combien chaque légataire a reçu.

On choisira un nombre susceptible d'être partagé

en tiers et en cinquièmes, par exemple, le nombre 15. On en prendra le tiers qui est 5, les deux cinquièmes qui équivalent au nombre 6, et l'on verra que le restant sera 4. On fera ensuite correspondre ce dernier nombre avec 32,000 fr., et les nombres 15, 5 et 6 correspondront avec les nombres cherchés.

Expérience.

Lig. sup. 15	5	6	4
Coulisse. $x=$120,000	$x=$40,000	$x=$48,000	32,000

DE LA RÈGLE D'ALLIAGE.

§ 1er.

De la Règle d'alliage directe.

81. La règle d'alliage directe a pour but de trouver la valeur moyenne de plusieurs choses mélangées, lorsqu'on connaît la quantité et la valeur particulière de chacune d'elles.

82. Pour faire cette opération avec la Règle à Calcul, on amène le nombre qui exprime combien il entre de choses dans le mélange, sous la somme des valeurs des choses mélangées, et le prix moyen d'une chose se trouve au-dessus du curseur.

Exemple 1er. Quel sera le titre d'un lingot d'argent dans lequel on fera entrer 35 hectogrammes de ce métal contenant 86 centièmes d'argent pur, et 28 hectogrammes contenant 95 centièmes aussi d'argent pur?

En considérant la quantité d'argent pur comme valeur du métal, on dira :

$$35 \text{ hectog. à } 0,86 \text{ valent } 35 \text{ fois } 0,86 \text{ ou } 30,10$$
$$28 \text{ hectog. à } 0,95 \text{ valent } 28 \text{ fois } 0,95 \text{ ou } 26,60$$

TOTAL : 63 hectog., dont la partie pure est. . . 56,70

Amenant 63 sous 56,70, on aura :

Ligne sup.	$x = 0,9$	56,70
Coulisse. .	1	63

Le lingot sera au titre de 0,90 ou 9 dixièmes de fin, qui est le titre du commerce.

83. L'opération serait la même s'il s'agissait de trouver la valeur de l'unité d'un mélange dans lequel on aurait fait entrer trois ou un plus grand nombre de substances.

Exemple 2e. *A combien revient la bouteille d'un vin mélangé* de plusieurs qualités, dans les proportions suivantes :

$$15 \text{ bouteilles à } 0^f 50^c, \text{ dont la valeur est... } 7, 50$$
$$20 \quad \text{id.} \qquad 0, 70 \qquad \text{id.} \dots \dots \dots 14, \text{ »}$$
$$19 \quad \text{id.} \qquad 0, 80 \qquad \text{id.} \dots \dots \dots 15, 20$$

54 bouteilles de vin dont le prix total est. . . . 36, 70

Amenant 54 sous 36,70, on aura :

Lig. sup.	$x = 0,675$	36,70
Coulisse.	1	54

La bouteille de mélange coûte 675 millimes, ou 13 sous 6 deniers.

§ 2.

De la Règle d'alliage indirecte.

84. Par la Règle d'alliage indirecte, on détermine les quantités de deux espèces de choses qui entrent

dans un mélange, lorsqu'on connaît la quantité et la valeur de ce mélange, ainsi que le prix des choses mélangées.

85. Pour y parvenir, on compare le prix moyen avec le prix de chacune des deux substances dont le mélange est composé, et l'on additionne les différences trouvées; on amène ensuite la différence du prix d'une des substances sous la somme des différences, et l'on trouve la quantité de l'autre substance sous le nombre qui exprime la quantité du mélange [1].

Exemple 1er. On a composé 100 bouteilles de vin à 0[l] 60[c], d'une partie de vin à 75 centimes, et d'une autre partie à 40 centimes : on demande dans quelle proportion chacun de ces vins y est entré.

Prix moyen, 60 cent. $\left\{ \begin{array}{l} \text{75 cent. : différence. 15} \\ \text{40 cent. : différence. 20} \end{array} \right.$

Somme des différences. 35

En amenant 15 (différence entre 60 c., prix de la bouteille de mélange, et 75, prix de la bouteille d'une des parties) sous 35, somme des différences, la somme du mélange (100 bouteilles) aura pour correspondant sur la Coulisse le nombre de bouteilles de vin à 40 centimes qui est entré dans le mélange.

Lig. sup.   35   100

Coulisse.   15 $x = 42,86$, environ 43 bouteilles
                                         à 40 centim.

Réciproquement, lorsqu'on amènera l'autre diffé-

---

[1] La proportion s'énonce en ces termes : La somme des différences est à la différence de l'une des substances, comme la somme du mélange est à la quantité de l'autre substance.

rence 20, sous 35, on aura sous la somme du mélange la quantité de vin à 75 c. qu'il a fallu y mettre pour que la bouteille coûtât 60 centim.

Lig. sup.	35	100
Coulisse.	20	$x = 57,14$, environ 57 bouteilles à 75 centimes.

86. *Exemple* 2ᵉ. Un lingot d'argent au titre de 9 dixièmes ou 90 centièmes de fin, du poids de 63 hectogrammes, a été formé d'argent à 0,86 et 0,95 : on demande combien il en a été employé de chaque titre ?

Titre moyen, 0,90 $\left\{\begin{array}{l} 0,86 : \text{différence}... \quad 0,04 \\ 0,95 : \text{différence}... \quad 0,05 \end{array}\right.$

$$0,09$$

En amenant 4, différence entre 90 et 86, sous la somme des différences 9, on aura sous le nombre 63, expression du poids du lingot, la quantité d'argent à 0,95 qui y est entrée.

Lig. sup.	9	63
Coulisse.	4	$x = 28$ hectog. argent à 0,95.

Pour avoir la quantité d'argent au titre de 0,86, il n'y a qu'à substituer 5, expression de la différence entre les titres à 0,90 et 0,95, au nombre 4, et le résultat sera sous 63.

Lig. sup.	9	63
Coulisse.	5	$x = 35$ hectog., argent à 0,86.

87. On peut déterminer les quantités respectives des deux métaux qui composent un alliage, en comparant *le poids spécifique* [1] de ce dernier avec celui

---

[1] On obtient le poids spécifique d'un corps en le pesant à l'air et dans l'eau, et ensuite en divisant le nombre qui exprime

des métaux dont il est formé, et en opérant sur les différences comme on l'a fait ci-dessus pour le titre de l'argent et pour le prix du vin mélangé.

Exemple. Sachant qu'il est permis d'ajouter à l'argent une certaine quantité de cuivre pour lui donner la dureté nécessaire [1], on veut connaître en quelle proportion le cuivre est entré dans une pièce d'argenterie pesant 2 kilog. 628 grammes, et dont on a reconnu que le poids spécifique était 10,39.

Celui de l'argent étant 10,47, et celui du cuivre 8,90 (n° 17), on les comparera avec 10,39 de la manière suivante :

$$10,39 \begin{cases} 10,47 : \text{différence...} & 0,08 \\ 8,90 : \text{différence...} & 1,49 \end{cases}$$
$$\overline{\qquad\qquad 1,57}$$

On amènera 1,49, différence entre 10,39 et 8,90, au-dessous de 1,57, somme des différences; et sous le nombre 2,628, poids de la pièce d'argenterie, on aura l'expression de la quantité d'argent fin qui y est contenue, en même temps que l'on pourra lire au dessous du nombre mille combien il y a de millièmes de fin.

Lig. sup. .	1,57	2,628	1000
Coulisse. .	1,49	$x = 2,494$	$x = 949$

le poids à l'air par la différence entre celui-ci et le poids dans l'eau. Le quotient donne le poids spécifique.

Ainsi, le poids à l'air étant, par exemple....... 7,75
Le poids dans l'eau. 7,01

La différence sera. 0,74

En divisant 7,75 par 0,74, on aura pour quotient 10,47, qui serait le poids spécifique de l'argent pur.

[1] L'argent au premier titre doit contenir 950 millièmes de fin, et celui au second titre 800 millièmes seulement.

3 *

On voit que la pièce d'argenterie contient 2 kilog. 494 d'argent fin, et qu'elle est au titre de 949 millièmes de fin.

Pour avoir la quantité de cuivre, il n'y a qu'à substituer à 1,49 le nombre 0,08, qui exprime la différence entre le poids de l'argent fin et celui de la pièce à vérifier, et la Règle présentera :

Lig. sup..	1,57	2,628	1000
Coulisse..	0,08	$x=134$	$x=51$

Il est entré dans la pièce d'argenterie 134 grammes de cuivre, ce qui met ce métal, relativement à l'argent, dans la proportion de 51 millièmes.

L'opération qu'on vient d'indiquer porte le nom du célèbre Archimède, qui l'employa le premier, et sut par ce moyen découvrir la fraude d'un ouvrier qui, ayant reçu de l'or du roi de Syracuse pour fabriquer une couronne, et en ayant soustrait une partie l'avait remplacée par de l'argent.

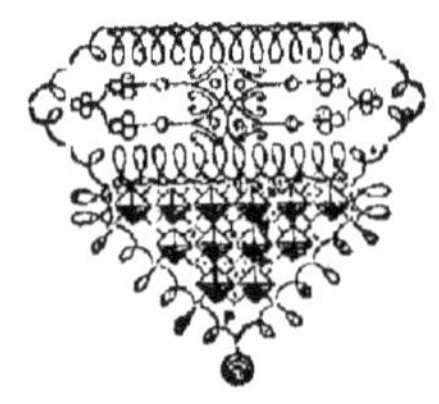

DEUXIÈME PARTIE.

EXPOSÉ DE PLUSIEURS MÉTHODES ABRÉGÉES, ADOP-
TÉES DANS LA PRATIQUE POUR L'USAGE DE LA
RÈGLE A CALCUL.

88. Ce qui a été dit dans la première partie sur la manière de faire avec la Règle à Calcul les principales opérations de l'arithmétique, suffirait sans doute pour donner le moyen d'apprécier l'utilité et de profiter des avantages que présente une telle invention. Toutefois, cet instrument devant principalement servir à épargner la fatigue et l'ennui des calculs, et se trouvant par-là même plus particulièrement destiné aux personnes que l'habitude n'a pas familiarisées avec la science des nombres, on a cru convenable de faire connaître ici quelques méthodes abrégées que la pratique a fait découvrir, et qui étendent, en les facilitant, les usages de la Règle à Calcul.

Aucun système de mesures linéaires, monétaires, pondérales ou autres ne convenant mieux à cet instrument que le système français, c'est au calcul décimal que se rattachent les méthodes et les exemples qui suivent, lesquels ont pour objet les mesures des surfaces, et l'évaluation du volume, de la capacité et du poids des corps de diverses formes.

DE LA MESURE DES SURFACES.

89. La surface d'un cercle se détermine sur la Règle par les rapports constants qui existent entre elle et les carrés de la circonférence, du diamètre ou du rayon. Ces rapports peuvent être exprimés en ces termes :

*La surface d'un cercle est au carré de son dia-
mètre comme* ONZE EST A QUATORZE; *elle est au carré
du rayon comme la circonférence est au diamètre, ou
comme* VINGT-DEUX EST A SEPT ; *elle est au carré de la
circonférence comme* CINQ EST A SOIXANTE-TROIS.

Exemple. On demande quelle est la surface d'un
cercle dont le diamètre est de sept mètres?

D'après ce qui vient d'être dit, on aurait la proportion 14:11::49, carré du diamètre, :$x=38^m 50$.

Avec la Règle à Calcul, on s'évite encore la peine
de former le carré du diamètre, en amenant 11 de
la Coulisse sous 14 de la ligne supérieure, et en prenant le diamètre à la ligne inférieure, où sont les
racines carrées [1] : ainsi l'on fait :

Lig. sup. .	14	
Coulisse. .	11	$x=38,5$
Lig. inf. .		7

En cet état, tous les nombres de la ligne inférieure,
considérés comme exprimant des mesures de diamètre de cercle, ont pour correspondants sur la
Coulisse les nombres indiquant la surface de ces
mêmes cercles.

Un résultat analogue se présenterait si l'on cherchait la surface du cercle donné d'après son rapport avec le carré du rayon; on aurait alors :

[1] On a vu (n° 47) que tous les nombres de la ligne supérieure sont les carrés de ceux de la ligne inférieure, au-dessus
desquels ils se trouvent, et qu'ainsi tout nombre pris sur la
Coulisse correspond à la fois avec les carrés à la ligne supérieure, et avec leur racine à la ligne inférieure.

Lig. sup. .	7	
Coulisse. .	22	$x = 38,5$
Lig. inf. .		3,5

On conçoit facilement que si, dans les deux exemples qui précèdent, on eût demandé la mesure du
diamètre ou du rayon d'après la surface du cercle
qui aurait été indiquée dans la question, l'opération
aurait été tout aussi simple, puisque les nombres
cherchés se seraient trouvés au-dessous de 38,5,
expression de la surface.

L'opération se ferait de la même manière si, dans
la question, on avait énoncé, au lieu du diamètre, la
mesure de la circonférence : ainsi, dans l'exemple
ci-dessus, où, le diamètre étant *sept*, la circonférence
serait *vingt-deux*, la Règle présenterait :

Lig. sup. .		63
Coulisse. .	$x = 38,5$	5
Lig. inf. .	22	

S'il s'agissait de déterminer la grandeur de l'espace compris entre deux cercles de diamètres inégaux, mais dont le centre serait commun, on déduirait la surface du petit cercle de celle du plus grand,
et la différence serait la mesure cherchée.

Exemple. On veut faire un chemin pavé de dix
mètres de largeur, autour d'une promenade circulaire de cent mètres de diamètre, et l'on demande
combien il y aura de mètres carrés dans le pavé
du chemin.

La promenade seule ayant cent mètres de diamètre, l'addition d'un chemin de dix mètres à l'entour portera ce diamètre à 120 mètres. En opérant sur la Règle comme il est dit n° 89, on trouvera :

Lig. sup..		14	
Coulisse..	$x = 11314$	11	$x = 7857$
Lig. inf..	120^m		100^m

La surface du grand cercle étant... 11314
et celle du petit. 7857

La différence sera........... 3457

Ainsi le pavé du chemin présentera en superficie 3457 mètres carrés.

CARRÉ INSCRIT DANS UN CERCLE.

90. La surface du carré inscrit dans un cercle est à celle de ce cercle comme *sept est à onze.*

D'après cela, si l'on demandait quelle est la surface du carré inscrit dans un cercle ayant en superficie 154 mètres carrés, il suffirait de faire la proportion 11:7::154: x, et l'on verrait sur la Règle :

Lig. sup..	11	154
Coulisse..	7	$x = 98$

Pour avoir le côté du carré dont le nombre 98 indique la superficie en mètres carrés, il suffirait de prendre la racine carrée de 98 (n° 48), ce qui donnerait pour résultat 9 m. 9 décim.

91. Si, au lieu d'indiquer la surface du cercle, la question n'avait énoncé que la mesure de la circonférence, on aurait pu déterminer immédiatement le côté du carré cherché, à l'aide du rapport constant qui existe entre la circonférence et ce côté, rapport qu'on exprime en disant que *la circonférence est*

au côté du carré inscrit comme trente-un est à sept.

Ainsi le cercle dont la surface (voy. exemple ci-dessus) est de 154 mètres carrés, ayant 43^m 96 (très-près de 44^m) de circonférence (n° 89), pour avoir le côté du carré inscrit, il faudrait faire la proportion 31 : 7 : : 43,96 : x ; la Règle présenterait :

Lig. sup..	31	43,96
Coulisse..	7	$x = 9^m\ 9$

Le côté du carré inscrit est de 9 mètres 9 décim.

92. Le carré inscrit dans un cercle est au carré du diamètre comme *un* est à *deux*. Ainsi, en amenant *un* de la Coulisse sous *deux* de la ligne supérieure, tous les chiffres de la ligne inférieure (ou ligne des racines carrées), considérés comme exprimant des diamètres de cercle, ont pour correspondants sur la Coulisse les nombres exprimant la surface des carrés inscrits dans chaque cercle. En prenant encore pour exemple le cercle de 43^m 96 de circonférence, dont le diamètre est 14, on a sur la Règle :

Lig. sup..		2
Coulisse..	$x = 98$	1
Lig. inf..	14	

On retrouve, comme ci-dessus (n° 90), 98 pour expression en mètres carrés de la surface du carré inscrit.

93. *Le côté du carré inscrit dans un cercle est au diamètre de ce cercle comme* QUARANTE-UN *est à* CINQUANTE-HUIT [1].

---

[1] La géométrie apprend que dans tout triangle rectangle

D'après cela, le cercle désigné dans les exemples précédents ayant 14 mètres de diamètre, si l'on fait la proportion 58 : 41 :: 14 : x, on verra sur la Règle :

Lig. sup. .	58	14
Coulisse. .	41	$x = 9^m 9$

Comme on l'a déjà vu, le côté du carré inscrit égale neuf mètres neuf décimètres.

QUADRATURE DU CERCLE.

On sait qu'une ligne courbée en cercle renferme plus d'espace que si on lui avait donné toute autre disposition, et qu'ainsi un carré a moins de surface qu'une circonférence d'un *périmètre* ou contour égal [1]. On nomme *quadrature du cercle* la recherche du carré d'une surface égale à celle d'un cercle donné.

On comprend qu'en déterminant (n° 89) la surface du cercle donné, et en prenant la racine carrée (n° 45), du nombre exprimant cette surface, on aurait le côté du carré cherché; mais on arrive au résultat plus promptement lorsqu'on sait que *le côté*

le carré de l'hypoténuse est égal à la somme des carrés construits sur les deux autres côtés; et d'après cela, pour que le rapport fût rigoureusement exact, il faudrait que le carré du diamètre (qui est ici l'hypoténuse), fût égal au double du carré formé sur le côté cherché. Or, 58 représentant le diamètre, le carré de ce nombre est 3364; tandis que le double du carré du nombre 41, qui représente le côté cherché, est 3362, ce qui donne une différence de deux dix-millièmes. Mais pour les opérations qu'on peut faire avec la Règle à Calcul, et même dans le plus grand nombre des cas, cette approximation suffit.

[1] La surface du carré ayant même contour ou périmètre qu'un cercle, est à la surface de ce cercle comme 11 : 14.

Le côté du carré ayant même contour qu'un cercle, est au diamètre de ce cercle comme 11 : 14.

du carré égal en surface à un cercle donné, est au diamètre de ce cercle comme SOIXANTE-DIX *est à* SOIXANTE-DIX-NEUF.

Ainsi, pour trouver le côté du carré égal en surface à un cercle dont le diamètre serait d'*un mètre soixante-cinq centimètres*, on ferait la proportion $79 : 70 :: 1,65 : x$, et l'on verrait sur la Règle :

Lig. sup. .	79	1,65
Coulisse .	70	$x = 1,46$

Le côté du carré cherché serait d'un mètre quarante-six centimètres. Celui de tout autre carré de même surface qu'un cercle donné se lit également sur la Coulisse au-dessous du nombre exprimant le diamètre de ce cercle, dès qu'on a amené 70 sous 79.

ELLIPSES.

94. La surface d'une ellipse est au produit de la multiplication du grand diamètre par le petit, comme *onze* est à *quatorze*.

Exemple. On a pavé en dalles le fond d'un bassin ovale de vingt-quatre mètres de long sur vingt de large, et l'on veut savoir combien il y a de mètres carrés dans cet ouvrage.

Multipliant 24 par 20, on trouvera 480 ; puis, faisant la proportion qui vient d'être indiquée, on aura $14 : 11 :: 480 : x$, et l'on verra sur la Règle :

Lig. sup.	14	480
Coulisse.	11	$x = 377^{\mathrm{m}}\,142$

Il y a 377 mètres carrés, et 142 centimètres.

PÓLYGONES RÉGULIERS.

95. Dans les polygones réguliers, l'aire ou la surface est proportionnelle au carré d'un des côtés du

polygone. Le rapport change suivant le nombre des côtés du polygone.

Voici une table de ces rapports pour les polygones de 3 à 12 côtés.

L'aire est au carré d'un des côtés comme

$$26 \text{ est à } 60 \text{ pour } 3 \text{ côtés.}$$
$$1 \ldots \ldots 1 \ldots \ldots 4 \text{ id.}$$
$$43 \ldots \ldots 25 \ldots \ldots 5 \text{ id.}$$
$$13 \ldots \ldots 5 \ldots \ldots 6 \text{ id.}$$
$$40 \ldots \ldots 11 \ldots \ldots 7 \text{ id.}$$
$$58 \ldots \ldots 12 \ldots \ldots 8 \text{ id.}$$
$$68 \ldots \ldots 11 \ldots \ldots 9 \text{ id.}$$
$$100 \ldots \ldots 13 \ldots \ldots 10 \text{ id.}$$
$$47 \ldots \ldots 5 \ldots \ldots 11 \text{ id.}$$
$$56 \ldots \ldots 5 \ldots \ldots 12 \text{ id.}$$

D'après cela, si l'on demandait quelle est la surface d'un polygone qui aurait huit côtés de chacun six mètres de longueur, on verrait d'abord, en consultant la table qui précède, que pour huit côtés, *l'aire du polygone régulier est au carré d'un des côtés comme cinquante-huit est à douze;* le carré du côté connu *six* étant ici trente-six, on aurait la proportion $12 : 58 :: 36 : x$, et l'on verrait sur la Règle :

Lig. sup.	12	36
Coulisse.	58	$x = 174$

La surface du polygone égale 174 mètres carrés.

96. On peut simplifier l'opération sur la Règle en se dispensant d'élever au carré le nombre exprimant la longueur du côté du polygone. Pour cela il suffit de prendre le même nombre pour troisième terme de la proportion, mais en le lisant sur la

ligne inférieure de la Règle. Ainsi, pour l'exemple ci-dessus, on aurait :

Lig. sup.	12	36
Coulisse.	58	$x = 174$
Lig. inf.		6

Il faut remarquer que, pour avoir le troisième terme de la proportion sur la ligne inférieure, il faut prendre le premier terme à la ligne supérieure : car sans cela le nombre cherché ne se rencontrerait pas sur la Coulisse au-dessus de ce troisième terme.

97. **Si,** au lieu de trouver la surface d'un polygone régulier donné, il s'agissait de déterminer les dimensions d'un polygone dont la surface et le nombre de côtés seraient préalablement indiqués, on arriverait au résultat à l'aide du même moyen : ainsi, si l'on demandait quelle est la longueur du côté d'un pentagone régulier *(polygone de cinq côtés égaux)*, renfermant en superficie cent trente-neuf mètres carrés, on aurait, en consultant le tableau, $43 : 25 :: 139 : x$, et sur la Règle

Lig. sup.	43	81
Coulisse.	25	139
Lig. inf.		$x = 9$

On voit que chacun des côtés du pentagone aurait *neuf* mètres de longueur.

98. Si l'on avait à tracer un polygone d'une étendue et d'un nombre de côtés donnés, on commencerait par chercher, ainsi qu'il vient d'être dit, la longueur d'un des côtés; puis on *déterminerait le rayon du cercle* dans lequel le polygone pourrait

être inscrit, en se guidant sur le rapport qui existe entre la grandeur d'un des côtés et celle du rayon du cercle circonscrit, lequel rapport varie aussi suivant le nombre des côtés du polygone.

Voici la table à consulter pour les polygones réguliers de 3 à 12 côtés. La proportion s'énonce en ces termes :

99. *Le côté d'un polygone régulier est au rayon du cercle circonscrit, comme*

52 est à 30 pour	3 côtés.
41..... 29.....	4 id.
60..... 51.....	5 id.
1..... 1.....	6 id.
46..... 53.....	7 id.
23..... 30.....	8 id.
26..... 38.....	9 id.
13..... 21.....	10 id.
18..... 32.....	11 id.
15..... 29.....	12 id.

Exemple. On veut tracer un polygone régulier de sept côtés, contenant en surface mille mètres carrés.

En consultant la table au n° 95, on voit que, pour sept côtés, l'aire est au carré d'un des côtés comme 40 est à 11 ; on trouve dès-lors la mesure d'un côté en faisant (n° 96) la proportion :

$$40 : 11 :: 1000 : x = 275, \text{ carré du côté.}$$

On aura sur la Règle :

Lig. sup.	11	$x = 275$
Coulisse.	40	1000
Lig. inf.		$x = 16^{\text{m}} 59$ (1)

---

1 Ce serait rigoureusement un peu moins de 16 mètr. 59 : car ce nombre, élevé au carré, donne 275 mètr. 228, au lieu de 275

Sachant que chaque côté doit avoir 16 mètres et 59 centimètres, on trouve le rayon du cercle circonscrit en faisant, d'après la table qui précède immédiatement, la proportion $46 : 53 :: 16^m 59 : x = 60^m 50$ (^{1}), mesure du rayon, et l'on a sur la Règle :

Lig. sup.	46	16,59
Coulisse.	53	$x = 19^m 10$

Le rayon est de 19 mètres 1 décimètre.

100. LA SURFACE D'UNE SPHÈRE s'obtient, d'après les procédés ordinaires, en multipliant la circonférence d'un de ses grands cercles par le diamètre.

Avec la Règle à Calcul, on détermine la grandeur de cette surface à l'aide d'une proportion qu'on exprime en disant que *la surface de la sphère est au carré de son diamètre comme* VINGT-DEUX EST A SEPT.

Exemple. Quelle est la surface d'une boule en cuivre qui a sept centimètres de hauteur?

En opérant à la manière des géomètres, on trouve d'abord que, le diamètre étant *sept*, la circonférence d'un des grands cercles est *vingt-deux ;* puis, en multipliant ces deux nombres l'un par l'autre, on a pour résultat 154, qui exprime bien en centimètres la mesure de la surface cherchée.

En employant la Règle, on arrive au but par un seul mouvement de la Coulisse, en amenant 22 sous 7, et en lisant sur la Coulisse le nombre cherché au-dessus du chiffre de la ligne inférieure, exprimant le diamètre de la sphère : ainsi l'on voit :

Ligne supérieure.	7	
Coulisse.	22	$x = 154$
Ligne inférieure.		7

^{1} 60 mètr. 478.

L'instrument étant dans cet état, on peut lire sur la Coulisse la mesure de la surface de toutes les sphères au-dessus du nombre de la ligne inférieure qui exprime les diamètres de chacune d'elles.

101. Si, au lieu d'indiquer le diamètre de la sphère, la question énonçait la mesure d'un de ses grands cercles, on opèrerait comme ci-dessus, mais en changeant la proportion, la surface de la sphère étant au carré d'un de ses grands cercles comme 7 : 22; tandis qu'on vient de voir qu'elle est au carré du diamètre comme 22 : 7. Ainsi l'on ferait, pour la sphère indiquée dans l'exemple ci-dessus :

Ligne supérieure.		22
Coulisse........	$x = 154$	7
Ligne inférieure.	22	

102. La surface de la sphère est égale à la surface convexe d'un cylindre de même diamètre et même hauteur.

103. **La surface convexe d'un cylindre** droit est égale à sa circonférence multipliée par la hauteur.

Elle est au produit du diamètre multiplié par la hauteur comme 22 : 7.

Exemple. On demande quelle est la surface d'un tuyau ayant 21 centimètres de diamètre extérieur, sur 50 centimètres de hauteur.

Le diamètre étant 21, la circonférence sera 66 (n° 89); et en la multipliant par 50, on trouve 3300 centimètres ou 33 décimètres carrés

En multipliant de suite le diamètre par la hauteur, sans rechercher d'abord quelle est la circonférence, on trouve pour produit de 21 par 50 le nombre 1,050;

puis on fait la proportion $7 : 22 :: 1050 : x$; et l'on voit sur la Règle :

Ligne supérieure.	7	1050
Coulisse........	22	$x = 33$

104. LA SURFACE CONVEXE D'UN CÔNE DROIT est égale à la circonférence de sa base, multipliée par la moitié du côté du cône. Elle est au produit du diamètre multiplié par le côté, comme *onze est à sept.*

105. LA SURFACE CONVEXE D'UN TRONC DE CÔNE DROIT est égale au produit de son côté multiplié par la demi-somme des-circonférences de chaque extrémité. Elle est au produit de la somme des deux diamètres multipliée par le côté, comme *onze est à sept.*

DE LA MESURE DES SOLIDES.

La géométrie fait connaître les opérations à l'aide desquelles on peut déterminer le volume des corps de diverses formes dont on connaît les dimensions. Avec la Règle à Calcul, les procédés sont réduits à un seul, le plus facile de tous. Il suffit, en effet, de pouvoir calculer le volume d'un parallélipipède rectangle pour trouver celui des sphères, des cylindres, des cônes et des pyramides, d'après les rapports constants qui existent entre ces corps et le premier, rapport dont la considération alongerait inutilement les opérations d'après les procédés ordinaires, mais qui, avec la Règle, rendent prompts et faciles pour tout le monde des calculs exigeant sans cela des connaissances que beaucoup de personnes n'ont pu acquérir.

106. Pour avoir le *volume d'une sphère*, la géométrie apprend qu'il faut multiplier sa surface par le tiers du rayon; mais comme ce volume est à celui d'un cube de même hauteur comme *onze est à vingt.*

un, on opère de la manière suivante avec la Règle
à Calcul.

Exemple. On demande quel est le volume d'une
sphère dont la hauteur ou le diamètre est de quatre
décimètres.

Le cube du diamètre 4 étant 64, on a la proportion 21 : 11 :: 64 : x, et l'on voit sur la Règle :

Ligne supérieure. 21	64
Coulisse........ 11	$x = 33{,}50$

2ᵉ *exemple*. On veut savoir quelle est la capacité
d'une chaudière sphérique ayant 13 décimètres de
diamètre intérieur.

En prenant le cube de 13, ainsi qu'il a été indiqué
au n° 51, on trouve 2197, nombre qui exprime en
litres (décimètres cubes) ce que contiendrait la chaudière si avec la même hauteur elle avait la forme
cubique; faisant ensuite la proportion 21 : 11 :: 2197
: x, on aura sur la Règle :

Ligne supérieure. 21	2197
Coulisse........ 11	$x = 1150{,}80$

La chaudière contiendrait 1150 litres 80 centi-
litres.

107. *La sphère est au cylindre* de même diamètre
et même hauteur *comme deux est à trois*.

108. *Elle est au cône* de même hauteur et de même
diamètre à la base, *comme deux est à un*.

109. *Elle est à la pyramide* de même hauteur, et
qui a pour base le carré de son diamètre, *comme onze
est à sept*.

110. *Le volume d'un cylindre* est égal au pro-

duit de sa base multipliée par sa hauteur. Pour l'obtenir avec la Règle à Calcul, on se fonde sur le rapport qui existe entre la surface d'un cercle et le carré de son diamètre (n° 89), lequel rapport se trouve aussi entre le cylindre et le corps rectangulaire de même hauteur qui a pour base le carré de son diamètre.

Exemple. On demande quelle est la capacité d'une chaudière à vapeur cylindrique, à fonds plats aux deux extrémités, dont le diamètre intérieur est de 97 centimètres, et qui a 6 mètres de longueur.

En cherchant la base du cylindre, ou, en d'autres termes, la surface d'un de ses fonds, dont le diamètre est 97, par le moyen indiqué plus haut (n° 89), on trouve sur la Règle :

Ligne supérieure.   14

Coulisse. . . . .   11 $x = 73{,}92$

Ligne inférieure.   97

La base du cylindre présente en surface 73 décimètres et 92 centimètres carrés (un peu moins de 3/4 de mètre). En multipliant ce nombre par 6, expression de la longueur du cylindre en mètres, on trouve 4435 litres, ou 44 hectolitres 35 litres.

On aurait pu multiplier de suite la longueur 6 par le carré du diamètre 97, en faisant :

Ligne supérieure. $x = 56{,}45$ décim. cub.

Coulisse.   1   6

Ligne inférieure. 97

Puis, après avoir trouvé 56 hectolitres 45 litres pour mesure de la chaudière supposée carrée avec mêmes hauteur et longueur, on aurait eu le volume cherché en faisant la proportion:

$$11 : 14 :: 56,44 : x = 44^{\text{h.}}\ 35^{\text{lit.}}$$

111. *Le volume du cylindre est à celui du cône* de même hauteur et même diamètre à sa base, *comme trois est à un.*

112. *Il est à celui de la pyramide* de même hauteur, et qui a pour base le carré du diamètre, *comme trente-trois est à quatorze.*

113. *Le volume d'un cône* est égal au produit de sa base multiplié par le tiers de la hauteur; *il est au corps rectangulaire* de même hauteur qui a pour base le carré de son diamètre, comme *onze est à quarante-deux.*

Exemple. Quel est le volume d'un cône qui a 32 centimètres de diamètre, et 47 de hauteur?

La base du cône présente en surface (n° 89) 805 *centimètres, ou 8 décimètres 5 centimètres carrés.* En multipliant ce nombre par 15 $^2/_3$, expression en centimètres du tiers de la hauteur 47, on trouve pour résultat 12 décimètres cubes et soixante-un centimètres.

Si l'on avait multiplié l'une par l'autre les trois dimensions du cône, c'est-à-dire si l'on avait multiplié le carré du diamètre par la hauteur, on aurait eu 48 décimètres cubes et 12 centimètres, nombre qui exprime le volume d'un parallélipipède de même hauteur que le cône, et dont la base serait égale au carré de son diamètre; après quoi, en faisant la proportion 42 : 11 :: 48,12 : x , on aurait sur la Règle:

Lig. sup.	42	48,12
Coulisse.	11	$x = 12,61$

114. *Le cône est à la pyramide de même hauteur, et qui a pour base le carré de son diamètre, comme onze est à quatorze.*

115. *Le volume de la pyramide est à celui du parallélipipède de même hauteur, comme un est à trois.*

POIDS DES CORPS.

116. Il est facile de déterminer le poids d'un corps dont le volume est donné, lorsqu'on connaît la pesanteur spécifique de la substance dont il est formé, c'est-à-dire lorsqu'on sait quel est le rapport qui existe entre le poids de cette substance et celui d'un pareil volume d'eau.

117. Pour l'usage de la Règle à Calcul, il faut s'attacher aux expressions de ces rapports, dont les nombres sont faciles à lire sur la Règle. Ainsi, par exemple, s'il s'agissait de l'or, on trouverait que, le poids de l'eau étant *un*, celui d'un volume égal d'or sera 19,25, c'est-à-dire qu'un centimètre cube d'eau, par exemple, pesant un gramme, un centimètre cube d'or pèserait 19 grammes 25 centigrammes. Mais, comme sur la Règle le nombre 19,25 n'est pas facile à prendre avec précision, on trouvera plus d'exactitude dans les opérations en employant le rapport de 4 à 77, qui est le même que celui de 1 à 19,25 : en effet, 1 : 19,25 :: 4 : 77.

118. Ce qui vient d'être dit pour le poids spécifique des corps, s'applique à tous les cas où il s'agit de savoir ce que valent plusieurs unités d'une espèce en unités d'espèce différente : ainsi, le rapport d'un mètre en longueur avec une toise de six pieds de roi, s'exprime en disant, 1° qu'une toise vaut 1 mètre 947 millimètres et une fraction ; 2° que 39 toises valent 76 mètres. Or il est évident qu'avec la Règle il est plus facile, et par conséquent plus prompt de faire coïncider les nombres 39 et 76, que de placer le curseur exactement sous 1,9471 ; ce qui se trouve exécuté cependant simultanément, puisqu'on verra toujours à la fois

Lig. sup.	76^{mètres.}	1^m 9471
Coulisse.	39^{toises.}	1^{toise.}

On trouvera plus bas (n° 121) une table des rapports les plus usités exprimés en nombres entiers. Quant à ceux qui n'y sont pas portés, chacun pourra facilement, à l'aide de la Règle, trouver les nombres qui les expriment sans fraction. On n'a voulu ici qu'appeler l'attention des personnes qui font usage de la Règle à Calcul, sur l'avantage que présente cette manière d'opérer.

Table des Poids spécifiques.

119. Eau = 1   avec la Règle :

Eau : platine	:: 1 : 20,98 —	:: 4 : 84
: or	:: 1 : 19,25 —	:: 4 : 77
: mercure	:: 1 : 13,57 —	:: 14 : 190
: argent	:: 1 : 10,47 —	:: 43 : 450
: plomb	:: 1 : 11,35 —	:: 37 : 420
: étain	:: 1 : 7,29 —	:: 7 : 51
: cuivre	:: 1 : 8,90 —	:: 9 : 80
: fer	:: 1 : 7,79 —	:: 77 : 600
: Zinc	:: 1 : 6,93 —	:: 75 : 520
: fonte de fer..................		:: 1 : 7
: marbre	:: 1 : 2,72 —	:: 25 : 68
: houille	:: 1 : 1,32 —	:: 22 : 28
: chêne	:: 1 : 1,17 —	:: 6 : 7

Eau : sapin...................... :: 1 : 0,55
    : tilleul..................... :: 1 : 0,60
    : peuplier :: 1 : 0,383..... :: 60 :23
    : liége....................... :: 1 : 0,24
    : huile....................... :: 1 : 0,9
    : alcohol $\frac{3}{6}$ :: 1 : 0,837... :: 20 :76

120. Si l'on demandait, par exemple, quel serait le diamètre d'un boulet en fonte de fer du poids de six kilogrammes, on ferait ce raisonnement : le diamètre du boulet serait la racine cubique d'un cube de même hauteur. Or, on a vu (n° 106) que la sphère est au cube comme 11 est à 21. Dès-lors, le boulet devant peser 6 kilog., on aura le poids du cube de même hauteur en faisant :

Lig. sup.	$x = 11^{kilog.}$ 45	21
Coulisse.	$6^{kilog.}$	11

On voit que le cube pèsera 11 kilog. 45 décag.

Un kilogramme d'eau équivalant à un décimètre cube, la fonte de fer, qui pèse sept fois autant, représenterait, sous le même volume, 7 kilog. ; et d'après cela on trouve le volume de $11^{kilog.}45^{décag.}$, en faisant la proportion $7^{kilog.}$: $1^{décim. cub.}$ :: $11^{kilog.}$ 45 : $x = 1,635$.

Les 11 kilog. 45 décag. de fonte donneraient donc en volume 1,635 décimètres cubes, ou 1635 centimètres cubes, dont la racine cubique est 11 centimètres 8 millimètres (environ 4 pouces 4 lignes anciens).

Ainsi le diamètre du boulet serait 11 centimètres 8 millimètres.

121. La marche à suivre serait la même si l'on demandait le poids d'un corps d'après ses dimensions connues.

Exemple. On veut savoir ce que pèse un morceau de fer rond dont le diamètre est de 8 centimètres, et qui a 3 mètres de long.

Le diamètre 8 centimètres donne pour la section du morceau de fer (n° 89) 50,2 centimètres carrés. Or, en multipliant ce nombre par la longueur 3 mètres, on trouve 15,060 centimètres cubes, ou 15 décimètres et 60 centimètres cubes pour le volume du morceau de fer dont il s'agit.

Si le fer ne pesait pas plus que l'eau, le poids serait 15 kilogrammes 60 grammes, puisqu'on sait qu'un décimètre cube d'eau pèse exactement un kilogramme; mais on a vu (n° 119) que ce métal était à l'eau, sous le rapport du poids, comme 7,79 : 1, ou comme 600 : 77; et d'après cela on fera la proportion 77 : 600 :: 15,060 : x, ce qui donnera sur la Règle :

Lig. sup.	$x = 117^{kilog.}31$	600
Coulisse.	$15^{kilog.}06$	77

Pour profiter dans la pratique des méthodes abrégées expliquées aux n°s 88 et suivants jusqu'à 120, il faudrait se souvenir des différents rapports qui ont été indiqués, et l'on ne peut supposer que la mémoire retienne aisément tant de nombres sans risque de confusion des uns avec les autres au moment des opérations.

Pour obvier à cet inconvénient, on utilise le revers de la Règle, en y inscrivant ceux des rapports qu'on a le plus souvent besoin de mettre en usage d'après la nature des opérations auxquelles on se livre habituellement. Cette inscription se fait de la manière la plus simple, en collant au dos de la Règle une bande de papier d'égale dimension, et sur laquelle on a préalablement écrit ce que l'on veut se rappeler à l'occasion.

Voici un tableau qui comprend un assez grand nombre de rapports utiles à connaître, et parmi lesquels on peut choisir ceux dont on a besoin.

TABLE DES RAPPORTS.

Mesures de longueur.

1 lieue marine de 20 au d^{gré}	vaut en kilomèt.	5,556..	9$^{\text{li.}}$ =	50$^{\text{kil.}}$
1 — ordin^{re} de 25 au d^{gré}		4,444..	9$^{\text{li.}}$ =	40$^{\text{kil.}}$
1 — de poste de 2000 t^{oises}		3,898..	9$^{\text{li.}}$ =	35$^{\text{kil.}}$
1 toise	vaut en mètres.....	1,949..	39$^{\text{to.}}$ =	76$^{\text{m.}}$
1 pied de roi — —	décimètres..	3,248..	4$^{\text{pi.}}$ =	13$^{\text{d.}}$
1 pouce — —	centimètres.	2,707..	10$^{\text{po.}}$ =	27$^{\text{c.}}$
1 ligne — —	millimètres.	2,256..	39$^{\text{li.}}$ =	88^{mm}
1 aune — —	mètres.....	1,188..	16 =	19

Mesures de superficie.

1 lieue carrée de 25 au degré vaut en kilomètres carrés..........	19,75 ..	4$^{\text{li.}}$ =	79$^{\text{kil.}}$
1 arpent forestier vaut en ares.....	51,07 ..	9$^{\text{a.f.}}$ =	460$^{\text{a.}}$
1 id. de Paris — — ares......	34,19 ..	117$^{\text{a.P.}}$ =	4000$^{\text{a.}}$
1 toise carrée — — mèt. carr..	3,799..	5$^{\text{to.}}$ =	19$^{\text{mè.}}$
1 pied carré — — déc. carr..	10,552..	9$^{\text{pi.}}$ =	95$^{\text{d.}}$
1 pouce carré — — cent. carr.	7,328..	3$^{\text{pc.}}$ =	22$^{\text{c.}}$
1 ligne carrée — — mill. carr.	5,089..	12$^{\text{li.}}$ =	61^{mm}

Mesures de solidité.

1 toise cube vaut en mètres cubes.	7,404..	5$^{\text{to.}}$ =	37$^{\text{m.}}$
1 pied cube — — décim. cubes.	34,28 ..	7$^{\text{pi.}}$ =	240$^{\text{d.}}$
1 pouce cube — — centim. cubes.	19,84 ..	126$^{\text{po.}}$ =	2500$^{\text{c.}}$
1 ligne cube — — millim. cubes.	11,48 ..	4$^{\text{li.}}$ =	46^{mm}

Mesures de capacité.

1 pinte	vaut en litre.........	0,9313.	29$^{\text{p.}}$ =	27$^{\text{lit.}}$
1 velte	— — litre.........	7,45 .	9$^{\text{v.}}$ =	67$^{\text{lit.}}$

Poids.

1 livre	vaut en kilogramme.....	0,4895.	143$^{\text{liv.}}$ =	70$^{\text{kil.}}$
1 once	— — hectogramme....	0,3059.	36$^{\text{on.}}$ =	11$^{\text{h.}}$
1 gros	— — grammes.......	3,824 .	11$^{\text{gro.}}$ =	42$^{\text{gr.}}$
1 grain	— — décigramme.....	0,5312.	15$^{\text{gra.}}$ =	8$^{\text{d.}}$

Cercle.

Le diamètre est à la circonférence	:: 1 : 3,142 :: 7 : 22
Le carré du diamètre est à l'aire	:: 1 : 0,7854 :: 14 : 11
Le carré du rayon est à l'aire	:: 1 : 3,142 :: 7 : 22
Le carré de la circonférence est à l'aire	:: 1 : 0,0794 :: 63 : 5
Le carré du diamèt. est au carré inscrit	:: 1 : 0,5 :: 14 . 7
Le carré inscrit est à l'aire	:: 1 : 1,57 :: 7 : 11
Le côté du carré inscrit est au diamètre	:: 1 [: 1,414 :: 41 : 58
Le côté du carré inscrit est à la circonférence	:: 1 : 4,444 :: 7 : 31
Le côté du carré est au diamèt. du cercle égal en surface	:: 1 : 1,1283 :: 70 : 79
L'aire d'une ELLIPSE est au grand axe multiplié par le petit	:: 14 : 11

Polygones réguliers.

L'aire est au carré d'un des côtés ::		Le côté est au rayon du cercle circonscrit ::
26 : 60	— pour 3 côtés	— 52 : 30
1 : 1	— 4	— 41 : 29
43 : 25	— 5	— 60 : 51
13 : 5	— 6	— 1 : 1
40 : 11	— 7	— 46 : 53
58 : 12	— 8	— 23 : 30
68 : 11	— 9	— 26 : 38
100 : 13	— 10	— 13 : 21
47 : 5	— 11	— 18 : 32
56 : 5	— 12	— 15 : 29

L'aire de la *sphère* : carré du diamètre	:: 22 : 7
— — : carré de la circonférence	:: 7 : 22
L'aire convexe du *cylindre* est au diamètre multiplié par la hauteur	:: 22 : 7
L'aire convexe du *cône* est au diamètre de la base multiplié par la mesure du côté	:: 11 : 7

Revers de la Régle.

Fig. 20.

Mesures.

1° linéaires.

76 mèt.	=	39 toises
19 mèt.	=	16 aun.
13 déci.	=	4 pieds
27 cent.	=	10 pouc.
88 mill.	=	39 lignes

2° superficielles.

40 hect.	=	117 arp.
19 m. car.	=	5 t. car.
21 déc. car.	=	2 p. car.
22 c. car.	=	3 [illegible]

3° de capacité.

3 m. cub.	=	5 [illegible]
2 10 lit.	=	7 [illegible]
25 lit.	=	126 p. cub.
67 lit.	=	9 [illegible]
27 lit.	=	29 [illegible]

Poids.

70 kil.	=	143 livres
11 hect.	=	36 onces
42 gram.	=	11 gros
8 décig.	=	15 grains

Cercles.

(1)	D : circ.	:: 7 : 22
(2)	A : D²	:: 11 : 14
(3)	A : C ins.	:: 11 : 7
(4)	V C ins : D	:: 41 : 58
	V C ins : circ	:: 7 : 31

Ellipses.

(5)	A : D × d	:: 11 : 14

Polygones.

(6)	A : C² ::	C : R ::		(7)
	26 : 60	3 — 52 : 30		
	1 : 1	4 — 41 : 29		
	43 : 25	5 — 60 : 51		
	13 : 5	6 — 1 : 1		
	40 : 11	7 — 46 : 53		
	58 : 12	8 — 23 : 30		
	68 : 11	9 — 26 : 38		
	100 : 13	10 — 13 : 21		
	[illegible]	11 — 18 : 32		
	56 : 5	12 — 15 : 29		

Solides.

(8)	Sph.	: C R ::	11 : 21
	Cyl.	: C R ::	11 : 14
	Cône	: C R ::	11 : 42
	Pyr.	: C R ::	11 : 33

Poids spécifiques.

Eau	—	1 :
Platine	::	4 : 84
Or	::	4 : 77
Argent	::	43 : 450
Merc.	::	14 : 190
Plomb	::	37 : 420
Étaing	::	7 : 51
Cuiv.	::	1 : 8,9
Fer	::	77 : 600
Fonte	::	1 : 7,2
Zinc	::	75 : 520
Chêne	::	6 : 7
Sapin	::	1 : 0,66

Explication des abréviations.

(1) D. diamètre. (2) A, aire. D² diamètre multiplié par lui même, ou carré du diamètre. (3) C ins, carré inscrit. (4) V C ins. racine (ou côté) du carré inscrit. (5) D × d. grand diamètre multiplié par le petit diamètre. (6) A : C² aire est au carré du côté. (7) C : R, côté est au rayon du cercle circonscrit. (8) C. R, corps rectangulaire.

Volumes.

La *sphère* [1] est au cube de même hauteur	::	11 :	21
au cylindre	::	2 :	3
au cône	::	2 :	1
à la pyramide	::	11 :	7
Le *cylindre* est au cube	::	11 :	14
au cône	::	3 :	1
à la pyramide	::	33 :	14
Le *cône* est au cube	::	11 :	42
à la pyramide	::	11 :	14
La *pyramide* est au cube	::	1 :	3

122. Pour les fabricants de Règles à Calcul, qui ont l'habitude de graver des chiffres sur le revers de ces instruments, on proposerait d'y mettre, comme plus généralement utiles, les rapports indiqués dans la figure 19, où on les a disposés comme il conviendrait de le faire sur la Règle afin de mieux utiliser l'espace.

NOMBRES INDICATEURS.

123. Jusqu'à ce jour les Règles à Calcul construites en France présentent sur leur revers, à l'imitation des Règles apportées d'Angleterre, des nombres auxquels on a donné le nom d'*indicateurs,* et qui servent aussi à abréger les opérations relatives à l'évaluation des surfaces, des volumes et des pesanteurs. Il convient ici d'en faire connaître l'usage.

124. A l'extrémité gauche de l'instrument, on voit d'abord la table des nombres servant à trouver le volume ou la capacité des corps dont les dimensions sont données en décimètres. Voici la figure de cette table :

[1] La sphère est au cube qu'elle contient	:: 38	:	14
Le cube contenu dans la sphère est au cube contenant la sphère (cube de même hauteur que la sphère)	:: 5	:	26
La racine du cube contenu dans la sphère est à celle du cube contenant [1]	:: 7,5	:	13

| | C. R. | CYL. | SPH. |
	DDD	DD	D
Litre............	1	1273	191
Toise cube......	74	943	1414
Pied cube.......	343	436	655
Pouce cube......	1984	2525	379
Velte..........	745	949	1423
Pinte..........	931	1186	178

Les lettres qui sont au-dessus de chaque rangée de chiffres signifient, savoir : **C. R.**, *corps rectangulaires;* **CYL.**, *cylindres;* **SPH.**, *sphères.*

Les **D** placés à la ligne suivante indiquent que les dimensions sont données dans chaque question en décimètres.

La ligne *litre* indique le rapport du cube au cylindre ou à la sphère, sous ce point de vue, que, la sphère étant égale à 1, le cube de même hauteur vaudrait 1,91, et que, le cylindre étant à son tour considéré comme *un*, le cube de même hauteur serait 1,273, rapports qu'on pourrait écrire :

$$\text{Cub.} : \text{cylind.} :: 1{,}273 : 1$$
$$\text{id.} : \text{sph.} :: 1{,}91 : 1$$

La ligne *toise cube* indique qu'une toise cube vaut 7,40 mètres cubes, puisqu'en considérant la sphère comme équivalant à une toise cube, le rectangle cubique de même hauteur vaudrait 14,14 mèt. cub.; de même que pour un cylindre d'une toise en volume ou capacité, le cube de même hauteur serait 9,43 mèt. cub.

La ligne *pied cube* fait connaître qu'il y a 34,3 décimètres cubes dans un pied cube.

La ligne *pouce cube* indique qu'un pouce cube vaut 0,1984 décimèt. cub.

La ligne *velte* apprend qu'il faut 7,45 litres ou décimètres cubes pour équivaloir à une velte.

La ligne *pinte* indique que la pinte vaut 931 millièmes d'un litre (environ $\frac{1}{7}$ de moins.)

Les nombres de ces quatre dernières lignes inscrits aux rangées des *cylindres* et des *sphères*, indiquent, comme pour les lignes *litre* et *toise cube*, le volume ou la capacité que devrait avoir le cube pour que les cylindres et sphères de même hauteur valussent un *pied cube*, un *pouce cube*, une *velte* ou une *pinte*.

125. A la droite de la table dont on vient de parler, il s'en trouve une autre figurée comme il suit :

	C. R.	CYL.	SPH.
	DDD	DD	D
Mercure.....	736	937	1406
Plomb.......	881	1122	1682
Cuivre......	1124	143	215
Laiton......	119	1517	227
Fer.........	1282	1632	245
Fonte.......	1304	166	249

Les nombres placés à la première rangée sous les lettres **C. R.**, expriment en décimales le poids d'un décimètre cube (litre) d'eau, comparé à celui d'un pareil volume de chacun des métaux dont on voit les noms à la gauche : ainsi, en considérant le poids d'un décimètre cube de chaque métal comme *un*, le poids de l'eau serait :

Pour le mercure....	736 dix-millièmes.
plomb.....	881 id.
cuivre.....	1124 id.
laiton......	1190 id.
fer........	1282 id.
fonte......	1304 id.

Les nombres rangés sous les mots CYL. et SPH. expriment ce que devrait peser le cube d'eau pour que la sphère et le cylindre de même hauteur fussent, avec un décimètre cube de chacun des métaux nommés, dans le même rapport de pesanteur que le décimètre cube d'eau.

126. Il y a enfin une troisième table figurée comme ci-après :

SURFACES.

	MM
Mètres carrés	1
Toises carrées	38
Pieds carrés	1055
Pouces carrés	733
Arpents de Paris	342
Arpents forestiers	511

Les lettres MM placées au-dessus des chiffres, indiquent qu'on doit trouver en mètres carrés l'étendue des surfaces dont les dimensions seront données par la question, en mesures d'une des espèces indiquées à la table.

La ligne *toise carrée* indique qu'une toise carrée contient 3 mètres carrés et 8 dixièmes.

Les autres lignes présentent également l'expression en mètres ou fractions de mètre, du pied carré, du pouce carré, de l'arpent de Paris et de l'arpent forestier, et l'on doit les lire comme s'il y avait :

1 pied carré = 10 déci. 55 centim.
1 pouce carré = 7 cent. 33 millim.
1 arpent de Paris = 3420 mèt. (34 ares 20 cent.)
1 arpent forestier = 5110 mèt. (51 *id.* 10 *id.*)

Voici comment on fait usage de ces tables :

VOLUMES OU CAPACITÉS.

127. Le volume d'*un corps rectangulaire* est à

l'une de ses dimensions comme le produit des deux autres dimensions est à *l'indicateur*. Ainsi, pour trouver ce volume, on fait avec la Règle :

Lig. sup. $x=$volume   produit de 2 dimensions

Coulisse. une dimen.   indicateur

Exemple. On veut savoir combien il y a de pieds cubes de maçonnerie dans un mur de 9 mètres de long sur 4 mètres de hauteur, et dont l'épaisseur est de 50 centimètres.

L'indicateur, pour les pieds cubes, est 3,43 : ainsi l'on aura :

Lig. sup. $x=$525   36 (produit des 2 dimensions, 9 et 4.)

Coulisse. 50 centim.   34,3 (indicateur.)

Le volume d'un cylindre est égal au carré du diamètre multiplié par sa hauteur, et divisé par *l'indicateur;* il est à sa hauteur comme le carré de son diamètre est à l'indicateur.

Pour obtenir ce volume avec la Règle, on fait :

Lig. sup. carré du diamètre $x=$volume

Coulisse.   indicateur   hauteur

Exemple. On demande combien il y a de pouces cubes dans un *double décalitre*, mesure dont le diamètre égal à la hauteur est de 2 décimètres et 94 millimètres.

L'indicateur pour les pouces cubes est 02525; ainsi l'on aura :

Lig. sup. $x=$1009 po. cub.

Coulisse. 02525   2,94 (hauteur)

Lig. inf. 2,94 diam.

128. Le volume d'une sphère est égal au cube de son diamètre divisé par le nombre *indicateur;* il est au diamètre comme le carré du même diamètre est à l'indicateur.

Sur la Règle, ce volume s'obtient en faisant :

Lig. sup.		$x=$ volume
Coulisse. indicateur		diamètre
Lig. inf. diamètre		

Exemple. On demande quelle est la capacité en pieds cubes d'une chaudière sphérique dont le diamètre intérieur est de 9 décimètres 75 millimètres (975 millimètres).

L'indicateur des sphères est, pour les pieds cubes, 65,5; ainsi l'on aura :

Lig. sup.		$x=$ 14,10 pi. cub.
Coulisse. 65,5 indicateur		975 diam.
Lig. inf. 975 diam.		

La chaudière contiendrait 14 pieds cubes et un dixième.

POIDS DES CORPS.

129. Le poids des corps est égal à l'une de leurs dimensions multipliée par le produit des deux autres, et divisée par *l'indicateur* désigné pour la substance de ce corps, et en raison de sa forme *rectangulaire, cylindrique* ou *sphérique.*

130. *Exemple.* Combien pèse un morceau rectangulaire de fer d'un mètre de long sur 8 centimètres de largeur et 2 centimètres d'épaisseur?

Le produit d'une des dimensions multipliée par le produit des deux autres, égale 1600 centimètres cubes.

L'indicateur FER C. R. est 1282; ainsi l'on aura :

Lig. supérieure.	$x = 12{,}45$	1600
Coulisse.......	1	1282

Le morceau de fer pèse 12 kilog. 45 décag.

131. 2e *Exemple.* On demande le poids d'une sphère en cuivre dont le diamètre égale 65 millimètres; le cube du diamètre (une des dimensions multipliée par le produit des deux autres) est 275.

L'indicateur CUIVRE SPH. est 215; ainsi l'on aura :

Lig. supérieure.	$x = 1$ kil. 28 décag.	275
Coulisse.......	1	215

La boule de cuivre pèse 1,28 kilog.

132. L'usage de la table pour les *surfaces* n'exige aucune explication, puisqu'elle indique simplement le rapport de six anciennes mesures de superficie avec le mètre carré.

Il a paru, dans l'usage, que ces tables présentaient les inconvénients ci-après :

1o La plupart des nombres qui s'y trouvent sont composés de trop de chiffres pour être pris avec exactitude sur la Règle.

2o Le rapport de ces nombres indicateurs avec le volume et le poids des corps, étant peu sensible, rend par-là même les erreurs difficiles à éviter, puisqu'on peut prendre un indicateur pour un autre, et que la vérification ne peut se faire à l'aide de ces nombres.

3o La comparaison du volume et du poids des cylindres et sphères avec ceux des corps rectangulaires, ne peut se faire que pour les mesures et les substances dont les noms se trouvent sur les tables; tandis que les rapports C. R. : CYL. :: 14 : 11 et

C.R. : SPH. :: 21 : 11 s'appliquent à tous les cas[1].

4 Les indicateurs pour les volumes ne peuvent servir que pour réduire en mesures auxquelles ils se rattachent les corps dont les dimensions sont données en mètres ou parties du mètre; ils ne peuvent servir pour faire l'opération inverse : ainsi, par exemple, si l'on cherche le volume en pouces cubes d'une sphère ayant pour diamètre 325 millimètres, *l'indicateur* 379 fera bien trouver 905 pouces cubes; mais si, la même sphère étant désignée par son diamètre 12 pouces, on demandait son volume en décimètres carrés, on ne pourrait l'obtenir.

5° Enfin, les *indicateurs* gravés sur le revers des Règles, devant le plus souvent, et sans que rien l'annonce, être pris pour la dixième ou même la centième partie de la valeur de leur chiffre, l'évaluation du résultat des opérations en est d'autant plus incertaine.

---

1 On peut voir, en effet, que tous les nombres rangés sous les lettres C. R. sont avec ceux des colonnes CYL. et SPH. placés sur la même ligne qu'eux, comme 14 : 11 pour les cylindres, et comme 21 : 11 pour les sphères.

TROISIÈME PARTIE.

REVERS DE LA COULISSE.

DES LOGARITHMES.

133. Les logarithmes sont des nombres en *progression arithmétique* [1] qui répondent terme pour terme à autant de nombres en *progression géométrique* [2].

Ainsi, par exemple, si l'on a la progression arithmétique et la progression géométrique suivantes,

Géom. 1:2:4:8:16:32:64:128:256:512:1024, etc., etc.
Arith. 0.1.2.3. 4. 5. 6. 7. 8. 9. 10, etc., etc.

Chaque nombre de la ligne inférieure est le logarithme du nombre qui se trouve au-dessus de lui dans la ligne supérieure.

134. Lorsqu'on ajoute le logarithme d'un nombre à celui d'un autre nombre, on a pour total le loga-

---

[1] On appelle *progression arithmétique* une suite de nombres qui ont entre eux la même différence, c'est-à-dire une suite de nombres dont chacun surpasse celui qui le précède ou en est surpassé de la même quantité : ainsi, par exemple, les nombres 0.1.2.3.4.5.6.7.8.9.10, etc., forment une progression arithmétique dont les termes ont entre eux la même différence, qui est *un*.

[2] On appelle *progression géométrique* une suite de nombres dont chacun contient également le suivant, ou y est également contenu, c'est-à-dire une suite de nombres dont chacun contient celui qui le précède ou est contenu en lui le même nombre de fois : ainsi, par exemple, les nombres 1 : 2 : 4 : 8 : 16 : 32 : 64 : 128 : 256 : 512 : 1024, etc., forment une progression géométrique dont chaque terme contient celui qui le précède le même nombre de fois, qui est *deux*.

rithme du produit de la multiplication de ces deux nombres l'un par l'autre.

135. Quand du logarithme d'un nombre on retranche le logarithme d'un autre nombre, on a pour reste le logarithme du quotient de la division du premier nombre par le second.

136. Lorsqu'on multiplie le logarithme d'un nombre par 2, ou par 3, ou par 4, etc., on a pour produit le logarithme de ce nombre élevé à la 2e, ou à la 3e, ou à la 4e puissance, etc., c'est-à-dire multiplié de suite 2, ou 3, ou 4 fois par lui-même.

137. Pareillement, lorsqu'on divise le logarithme d'un nombre par 2, ou par 3, ou par 4, etc., etc., on a pour quotient le logarithme de la racine carrée, ou cubique, ou quatrième, etc., etc., de ce nombre.

138. On n'emploie guère les logarithmes dans les calculs relatifs au commerce et aux arts; mais dans les hautes sciences mathématiques, et lorsqu'on opère sur des nombres élevés, ils épargnent beaucoup de fatigue et de temps.

139. On va dire maintenant comment la Règle à Calcul peut tenir lieu de table de logarithmes [1].

Les nombres marqués sur la ligne intérieure du revers de la Coulisse sont les logarithmes des nombres marqués sur la ligne inférieure du revers de la Coulisse.

---

[1] On a donné le nom de table de logarithmes à une progression géométrique et à une progression arithmétique mises en regard, et dont les nombres sont rangés dans des colonnes verticales, de manière que le premier nombre d'une des progressions se trouve à côté du premier nombre de l'autre progression, le second à côté du second, et ainsi de suite.

Dans les tables ordinaires, chaque progression se compose d'au moins dix mille nombres.

140. Lorsqu'on amène le premier *un* de la Coulisse sur l'un des nombres de la ligne inférieure de la Règle, le logarithme de ce nombre est marqué par l'extrémité droite de la Règle sur la ligne inférieure du revers de la Coulisse.

141. Réciproquement, lorsqu'on amène contre l'extrémité droite de la Règle l'un des nombres ou *logarithmes* marqués sur la ligne inférieure du revers de la Coulisse, le premier *un* de la Coulisse a pour correspondant, sur la ligne inférieure de la Règle, le nombre auquel appartient le logarithme amené.

142. Si le nombre dont on veut avoir le logarithme était composé de plusieurs chiffres, il faudrait ajouter à celui qu'on trouverait sur le revers de la Coulisse autant de fois mille qu'il y aurait de chiffres moins un dans le nombre donné. Ainsi lorsqu'on cherchera, par exemple, le logarithme du nombre 143, qui est composé de trois chiffres, et qu'on aura trouvé que l'extrémité de la Règle marque sur le revers de la Coulisse le nombre 154, on ajoutera 2000 à ce logarithme, et l'on aura 2154.

143. Comme un logarithme ainsi augmenté, ne se trouvant plus sur le revers de la Coulisse, ne peut pas être amené à l'extrémité de la Règle, il faut, pour ce cas, en ôter autant de fois mille que cela peut être nécessaire pour qu'il n'excède pas mille. L'opération se finit avec ce logarithme ainsi diminué; après quoi on ajoute au résultat trouvé autant de zéros qu'on a de fois ôté mille au logarithme.

DE LA FORMATION DES PUISSANCES.

144. D'après ce qui vient d'être dit (n°s 136 à 140), si l'on demandait quelle est la cinquième puissance du nombre 7, c'est-à-dire quel est le produit de la multiplication de ce nombre cinq fois de suite par lui-même, on amènerait le premier *un* de la Coulisse au-dessus de 7 pris sur la ligne inférieure de la Règle; puis, retournant l'instrument, on verrait sur la ligne inférieure du revers de la Coulisse (fig. 20), que l'extrémité de la Règle marque le nombre 845 [1]. Multipliant ce nombre par 5, on aurait pour produit 4225, qui serait le logarithme de la cinquième puissance de 7 (n° 136).

Comme on ne trouve pas sur le revers de la Coulisse un nombre aussi élevé que 4225, il faudrait (n° 143) en ôter 4000, et le reste serait 225.

Après avoir amené ce nombre 225 contre l'extrémité de la Règle, on retournerait l'instrument, et l'on verrait que le curseur marque sur la ligne inférieure le nombre 1,68 : à quoi ajoutant 4 zéros (n° 143), on aura 16800,00 pour cinquième puissance du nombre 7; ce qui est juste à $\frac{7}{16807}$ près, cette puissance étant réellement 16,807.

DE L'EXTRACTION DES RACINES DES DEGRÉS SUPÉRIEURS AU TROISIÈME.

145. En se conformant également à ce qui a été dit n°s 137 et suivants, si l'on demandait, par exemple, quelle est la racine cinquième du nombre 1024, on amènerait le premier *un* de la Coulisse au-dessus de 1024 pris sur la ligne inférieure, et l'on verrait (fig. 21), en retournant la Règle, que son extrémité marque, sur la ligne inférieure du revers de la Coulisse, le nombre 11, auquel il faudrait ajouter 3000

---

[1] On remarquera que, d'après la série des nombres écrits sur la ligne inférieure du revers de la Coulisse, l'espace entre chaque trait représente deux unités ou quarts de millimètre.

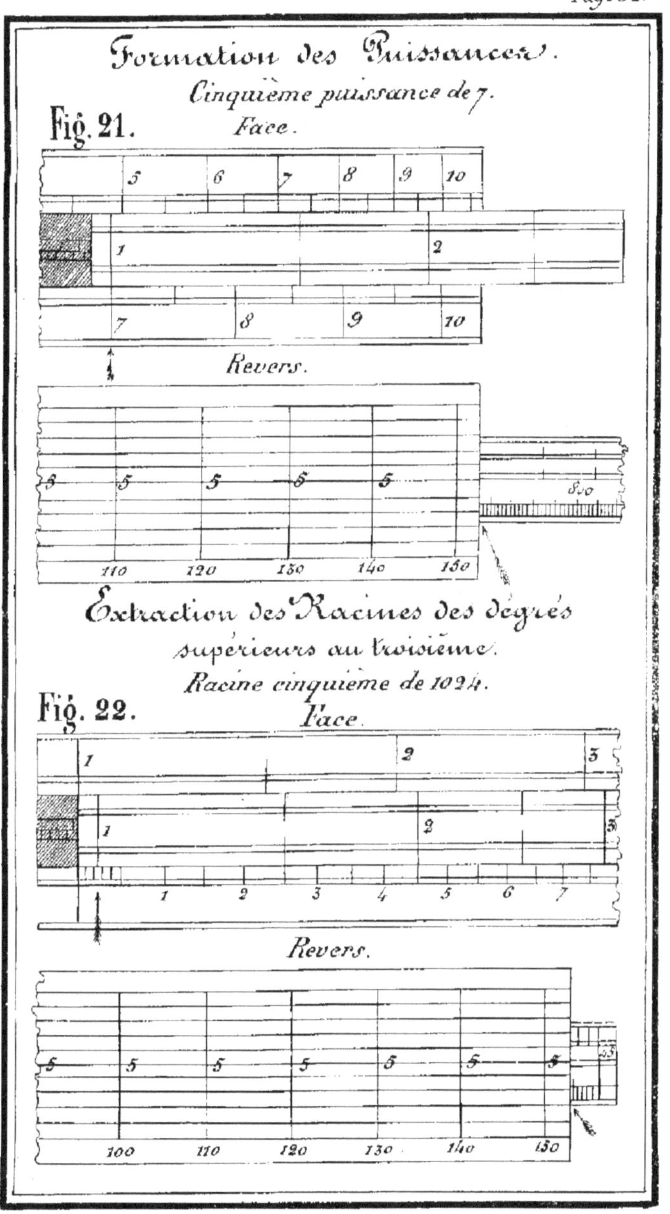

Formation des Puissances.
Cinquième puissance de 7.
Fig. 21.
Face.
5 6 7 8 9 10
1 2
7 8 9 10
Revers.
5 5 5 5 5
800
110 120 130 140 150
Extraction des Racines des degrés
supérieurs au troisième.
Racine cinquième de 1024.
Fig. 22.
Face.
1 2 3
1 2 3
1 2 3 4 5 6 7
Revers.
5 5 5 5 5 5 5
100 110 120 130 140 150

(le nombre proposé 1024 étant composé de 4 chiffres) : on aurait donc 3011, qui, divisé par 5, nombre caractéristique du degré de la racine cherchée, donnerait 602 pour quotient.

On disposerait ensuite la Coulisse de manière que ce dernier nombre 602 fût marqué sur la ligne inférieure de son revers par l'extrémité de la Règle, et dans cet état le curseur correspondrait sur la ligne inférieure de la Règle avec le nombre 4, qui est la racine demandée.

THÉORIE DE LA RÈGLE A CALCUL.

146. On n'a jusqu'à présent parlé que des effets qu'on peut obtenir avec la Règle à Calcul, sans faire connaître les causes qui les produisent, parce que ces explications, qui ne sont nullement nécessaires pour profiter des avantages que présente l'instrument, n'auraient pu être comprises que par les personnes familiarisées avec le calcul logarithmique. Cependant, pour celles de ces personnes qui voudraient connaître la théorie de la Règle, on croit devoir dire un mot de sa construction.

La difficulté d'avoir toujours sous la main les tables de logarithmes, jointe à la perte de temps qu'entraîne nécessairement la recherche des nombres dans ces tables, a fait imaginer de réduire en lignes la valeur des logarithmes, pour pouvoir ajouter ou retrancher ces lignes en les mettant les unes à la suite des autres, ou l'une sur l'autre, et découvrir sur le champ, par ce moyen, et sans le secours de la plume, le produit ou le quotient de deux nombres donnés.

C'est à cette idée que se rattache l'invention de la Règle à Calcul.

Les espaces compris entre le premier trait à la gauche de chaque échelle, et chacun des traits qui le suivent, sont les logarithmes des nombres représentés par ces traits; c'est-à-dire que ces espaces sont entre eux dans la même proportion que les logarithmes de ces nombres : ainsi, lorsqu'on trouve dans les tables que le logarithme de 10 est 1,00000, que celui de 9 est 0,95424, que celui de 8 est 0,90309, etc., etc., on doit conclure que, si l'on divisait en 100000 parties l'espace compris entre le premier trait et celui qui correspond au nombre 10, il y aurait 95,424 de ces parties depuis le premier trait jusqu'au nombre *neuf*, 90,309 jusqu'au nombre *huit*, etc., etc.

Cela posé, on va faire voir que l'on opère avec la Règle à Calcul de la même manière qu'avec les tables de logarithmes.

En effet : l'arithmétique apprend que, *pour faire une multiplication par logarithmes, il faut ajouter le logarithme du multiplicande au logarithme du multiplicateur, et que la somme trouvée est le logarithme du produit.* Et c'est ce qui arrive lorsqu'on multiplie deux nombres avec la Règle : car on amène bout à bout la longueur de l'un à la suite de la longueur de l'autre, et la somme de ces longueurs correspond avec le produit cherché.

Exemple. On veut multiplier 4 par 6.

À la suite de la longueur de 4 on amène celle de 6, et l'on trouve pour somme le nombre 24, qui est le produit demandé.

On sait de même que, pour faire une division par logarithmes, *il faut retrancher le logarithme du diviseur du logarithme du dividende, et le restant sera le logarithme du quotient;* et c'est encore ce qui a lieu lorsqu'on fait la division avec la Règle à Calcul, puisqu'on prend pour quotient l'excédant de la longueur du dividende sur celle du diviseur.

Exemple. On veut diviser 32 par 8.

On amène la longueur 8 sous la longueur 32, et l'on voit que l'excédant de la dernière sur la première est la longueur 4, qui exprime le quotient cherché.

On pourrait aussi trouver les carrés, les cubes, et généralement toutes les puissances des nombres, en prenant leur longueur autant de fois que l'indiquerait le rang de la puissance que l'on voudrait former.

Par la même raison, on pourrait extraire les racines carrées, cubiques et autres, des degrés supérieurs, en divisant la longueur correspondante au nombre donné, par 2, par 3, ou enfin par le nombre déterminé par le degré de la racine que l'on voudrait extraire.

Les espaces qui séparent les traits de la ligne inférieure de la Règle, étant deux fois plus grands que ceux qui représentent les mêmes nombres pris sur la Coulisse ou sur la ligne supérieure, sont, par-là même, la mesure de leurs carrés. Ainsi, sur la ligne inférieure, chaque longueur est le logarithme du carré du nombre qui y est exprimé, et chaque nombre est la racine carrée de celui qui a sa longueur pour logarithme.

Lorsque, pour élever un nombre à une de ses puissances, ou pour en extraire une racine, on cherche son logarithme par la méthode donnée n° 140, on ne fait autre chose que mesurer, en quarts de millimètre, la longueur de ce nombre, c'est-à-dire l'espace compris entre le premier trait à gauche de l'échelle et celui qui correspond à ce nombre. On peut vérifier, en effet, que lorsqu'on amène le premier *un* de la Coulisse sur un nombre quelconque de la ligne inférieure, la mesure marquée par l'extrémité de la Règle sur la ligne inférieure du revers de la Coulisse, est exactement la même que celle qu'on obtiendrait en présentant l'une contre l'autre [1] les lignes inférieures de la Règle et du revers de la Coulisse, et en comptant les quarts de millimètre compris entre le premier trait à gauche de l'échelle et le point correspondant au nombre donné.

APPLICATION DE LA RÈGLE A CALCUL A LA TRIGONOMÉTRIE RECTILIGNE.

147. La trigonométrie apprend à déterminer trois des six choses, angles et côtés, qui entrent dans un triangle, par la connaissance des trois autres parties, parmi lesquelles il doit se trouver au moins un côté.

148. On emploie dans le calcul, à la place des angles, les *sinus* et les *tangentes,* qui sont des lignes proportionnelles aux côtés des triangles.

149. On appelle *sinus d'un angle* une ligne droite menée perpendiculairement d'une des extrémités de l'arc au rayon qui passe par l'autre extrémité.

150. On appelle *tangente d'un angle* une ligne droite qui touche à l'extrémité de l'arc compris entre les deux côtés de l'angle, et qui est terminée par ces deux côtés.

151. Les sinus et les tangentes, sans être en proportion avec les angles auxquels ils appartiennent, varient cependant suivant la grandeur de ces angles. On conçoit en effet que, puisque ce sont des lignes

---

[1] La série des nombres de la ligne inférieure du revers de la Coulisse, allant de droite à gauche, tandis que celle des nombres de la ligne inférieure de la Règle va de gauche à droite, il faut, lorsqu'on les applique l'une contre l'autre, que l'extrémité droite de l'une regarde l'extrémité gauche de l'autre, et réciproquement.

comprises entre les côtés des angles, ces lignes doivent être d'autant plus longues que les côtés sont plus écartés.

152. Le sinus de l'angle de 90° est le plus grand de tous : on l'appelle par cette raison sinus total. Il est égal au rayon de la circonférence. Les sinus des autres angles sont des fractions du sinus total.

153. La ligne supérieure du revers de la Coulisse présente les logarithmes des sinus des angles depuis 40 minutes jusqu'à 90 degrés; c'est-à-dire que les espaces compris entre les traits marqués sur cette ligne sont entre eux dans la même proportion que ces logarithmes.

(1) Les divisions sont

De	10' en 10'	depuis	0° 40'	jusqu'à	10°
	20 en 20'	id.	10°	id.	20°
	30' en 30'	id.	20°	id.	30°
De degré en degré		id.	30°	id.	60°
De 2 degrés en 2 degrés		id.	60°	id.	70°

Au-delà de 70°, l'espace n'a permis que de marquer trois traits, sans numéros : le premier indique 75°; le second, 80°; et le dernier, 90°.

154. Pour avoir la valeur des sinus, on retourne la Coulisse, et l'on fait correspondre le trait 90° de la ligne des sinus avec le dernier trait de la ligne supérieure de la Règle. Dans cet état, les nombres de la ligne

1 Sur la Règle de 0^m,36, les divisions sont :

De	5' en 5'	depuis	0°35'	jusqu'à	10°
De 10	en 10	id.	10	id.	20
De 15	en 15	id.	20	id.	50
De 30	en 30	id.	30	id.	50
De degré en degré		id.	50	id.	70
De 2 degrés en 2 degrés		id.	70	id.	80

supérieure [1] expriment la grandeur des sinus des angles dont les degrés se trouvent vis-à-vis d'eux. Ainsi, par exemple, pour avoir la valeur des sinus de 15°, 22°, 33°. 45°, etc., en supposant le sinus total divisé en 1000 parties, on ferait :

Lig. supér....	$x=259$	$x=375$	$x=545$	$x=706$	1000
Lig. des sinus.	sin. 15°	sin. 22°	sin. 33°	sin. 45°	sin. 90°

155. Pour multiplier par un sinus, on amène le trait 90° sous le nombre donné, et le produit se trouve au-dessus du sinus.

Exemple. Quel est le produit de 74 multiplié par sinus 30°?

Lig. supérieure.	$x=37$	74
Ligne des sinus.	sin. 30°	sin. 90°

156. Pour diviser, on amène le sinus sous le dividende, et le quotient se trouve vis-à-vis 90°.

Exemple. Quel est le quotient de 74 divisé par sinus 30°?

Lig. supérieure.	74	$x=148$
Ligne des sinus.	sin. 30°	sin. 90°

157. On peut faire ces deux opérations sans retourner la Coulisse, en la tirant seulement jusqu'à ce que l'extrémité de la Règle marque sur la ligne des sinus le degré de celui par lequel on veut multiplier ou diviser. En cet état, le produit de la multiplication sera sur la Coulisse vis-à-vis du multipli-

---

[1] Il faut pour cela considérer les deux échelles de la ligne supérieure comme n'en formant qu'une seule, dont la première moitié représente des nombres dix fois plus petits que la seconde.

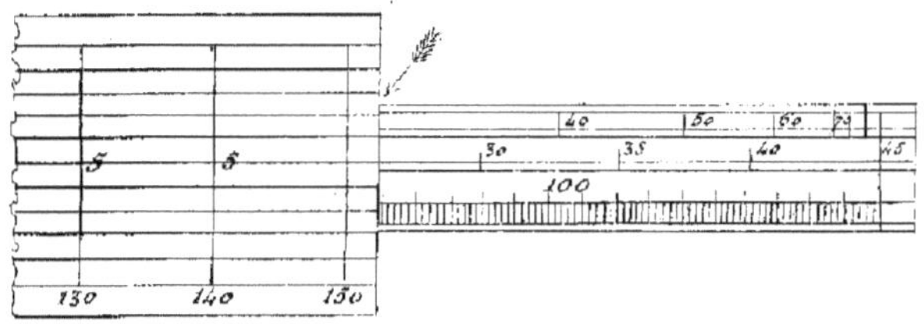

Sinus et Tangentes.
Sinus 30° = 5.
Fig. 23.
Revers.
Face.

cande pris à la ligne supérieure; réciproquement, le quotient sera sur cette dernière ligne au-dessus du dividende pris sur la Coulisse : ainsi, pour les deux exemples ci-dessus, après avoir tiré la Coulisse jusqu'au sinus 30°, on aurait eu (figure 23) :

$$\text{Lig. sup.} \quad 74 \; 1 \qquad x = 148$$
$$\overline{\text{Coulisse.} \; x = 37 \; 5 = \text{sin. } 30 \qquad 74} \quad \Big| \; 30^\circ \text{ lig. sinus}$$

158. Le chiffre 5 qui se trouve sous le *un* de la Règle, indique que le sinus de 30° vaut 5 dixièmes ou la moitié du sinus total. On verrait de même à la place du 5 la valeur de tous les sinus qu'on amènerait à l'extrémité de la Règle.

159. La deuxième ligne du revers de la Coulisse présente les logarithmes des tangentes depuis 40 minutes jusqu'à 45 degrés [1]. Les divisions y sont :

De 10′ en 10′ depuis 0° 40′ jusqu'à 10°
    20′ en 20′ id. 10° id. 30°
    30′ en 30′ id. 30° id. 45°

160. Pour trouver la valeur des tangentes, ainsi que pour multiplier ou diviser par ces tangentes, on opère comme pour les sinus.

161. Quand les angles sont de plus de 45°, on ne prend que la différence à 90°, et l'on emploie la tangente de ce nouvel angle, en changeant les multiplications en divisions, et réciproquement : ainsi, pour multiplier par la tangente de 54°, on diviserait par la tangente 36°.

La tangente de 45° est égale au rayon.

[1] Sur la Règle de 0^m,36 les divisions sont :
De 5′ en 5′ jusqu'à 10°
De 10′ en 10′ id. 20
De 15′ en 15′ id. 45

DE LA RÉSOLUTION DES TRIANGLES RECTILIGNES.

§ 1er.

Triangles rectangles.

On a dit (n° 147) que pour résoudre un triangle, il faut connaître trois des six choses qui le composent. Comme l'angle droit est un angle connu, il suffit, dans les triangles rectangles, de connaître deux choses différentes de cet angle droit; **mais il faut que dans les choses connues il se trouve au moins un** côté.

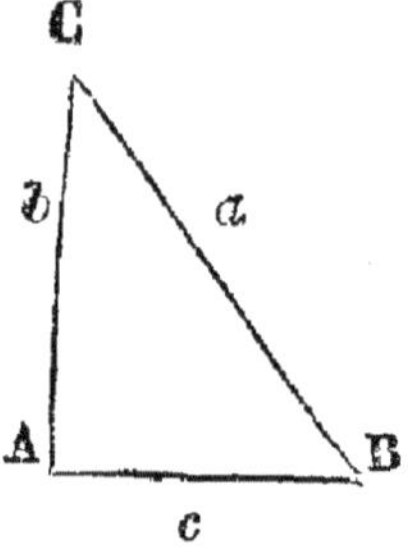

On suppose, pour plus de clarté dans les explications qui vont suivre, que dans le triangle ACB

    L'hypoténuse a est de 600 mètres;
    Le côté c est de 400   id.
    Le côté b est de 444,25 id.
    L'angle **A**, étant droit, vaut 90°
    L'angle **B**   id. 48
    L'angle **C**   id. 42

162. Les deux angles aigus d'un triangle rectangle valent ensemble un angle droit, ou 90°; il est visible, d'après cela, que, dès que l'un est connu, l'autre l'est aussi.

La résolution des triangles rectangles peut avoir

lieu dans cinq cas différents; elle s'opère d'après l'un des deux principes suivants :

163. *Le sinus de 90° est à l'hypoténuse comme le sinus de chaque angle aigu est au côté opposé à cet angle aigu.*

164. *La tangente de 45° est au côté de l'angle droit adjacent à l'un des angles aigus, comme la tangente de cet angle aigu est au côté opposé à ce même angle.*

Premier cas. On connaît l'hypoténuse $a = 600^m$, et l'angle $B = 48°$.

L'angle aigu C est 90° moins 48°, valeur de l'angle B, c'est-à-dire qu'il est de 42°.

165. Les trois angles étant connus, on trouvera les côtés c et a, d'après le principe donné n° 163, en faisant :

Ligne supérieure.	$c=x=400$	$b=x=447,25$	600
Ligne des sinus.	sinus 42°	sinus 48°	sin. 90°

166. On peut faire cette opération sans retourner la Coulisse, en la tirant seulement jusqu'au sinus de l'angle opposé au côté cherché, qui se trouve alors sur la Coulisse vis-à-vis de l'hypoténuse prise à la ligne supérieure : ainsi l'on aurait fait, pour avoir le côté c :

Lig. sup.	$a=600$	
Coulisse.	$c=x=400$	42° ligne sinus.

Pour avoir le côté b :

Lig. sup.	$b=x=447,25$	
Coulisse.	$a=600$	48° ligne sinus.

Deuxième cas. On connaît le côté $b=447,25$, et l'angle adjacent $C=42°$.

L'angle cherché B est 90° moins 42°, valeur de l'angle C, c'est-à-dire qu'il est de 48°.

167. Les trois angles étant connus, on trouvera le côté c et l'hypoténuse a, en faisant :

Lig. supérieure.	$c = x = 400$	$b = 447,25$	$a = x = 600$
Ligne des sinus.	sinus 42°	sinus 48°	sinus 90°

Sans retourner la Coulisse, on aurait eu l'hypoténuse a, en faisant (n° 157) :

Lig. sup.	$a = x = 600$	
Coulisse.	$b = 447,25$	48° ligne sinus.

168. L'hypoténuse étant connue, on pourrait trouver le côté c comme au n° 165. Ou bien, d'après le principe donné n° 164, comme l'angle C est moindre de 45°, en tirant la Coulisse jusqu'à la tangente de C = 42°, on aurait sur la Coulisse le côté c vis-à-vis du côté $b = 447,25$ pris à la ligne supérieure; ainsi la Règle présenterait :

Lig. sup.	$b = 447,25$	
Coulisse.	$c = x = 400$	42° lig. tangentes.

169. Si l'angle C = 42° eût été plus grand que 45°, on aurait employé à sa place l'autre angle aigu (la différence à 90°); et le côté cherché, c, au lieu de se trouver sur la Coulisse, eût été à la ligne supérieure, vis-à-vis du côté connu, b, pris sur la Coulisse. (Voy. n° 161.)

Troisième cas. On connaît le côté $b = 447,25$, et l'angle opposé B = 48°.

Le second angle aigu C est 90° moins 48°, valeur de l'angle B, c'est-à-dire est 42°.

Les trois angles étant connus ainsi que le côté b,

il ne reste à déterminer que le côté c et l'hypoténuse a; on les trouvera par les moyens donnés n°s 165 ou 167 et suivants.

Quatrième cas. On connaît l'hypoténuse $a = 600^m$, et le côté $b = 447,25$.

On aura l'angle B opposé au côté $b = 447,25$, en faisant :

Ligne supér. .	$b = 447,25$	$a = 600$
Lig. des sinus.	$B = x = 48^o$	90°

170. Sans retourner la Coulisse, la valeur de l'angle B eût été marquée, par l'extrémité de la Règle, sur la ligne des sinus, si l'on avait amené le côté $b = 447,25$ sous l'hypoténuse $a = 600$. Dans cette opération la Règle eût présenté :

Lig. sup.	$a = 600$	
Coulisse.	$b = 447,25$	$B = x = 48^o$ lig. sinus.

L'angle B étant 48°, l'angle C est 42°; il ne reste dès-lors à trouver que le côté c, qu'on déterminera comme ci-dessus (n°s 165 ou 168 et suivants).

Cinquième cas. On connaît les deux côtés $b = 447,25$ et $c = 400$.

171. Sans retourner la Coulisse, si l'on amène le petit côté $c = 400$, sous le grand côté $b = 447,25$, l'extrémité de la Règle marquera, sur la ligne des tangentes, la valeur de l'angle C opposé au petit côté c; ainsi la Règle présentera :

Lig. sup.	$b = 447,25$	
Coulisse.	$c = 400$	$C = x = 42^o$ lig. tangentes.

L'angle B est 90° moins $42° = $ angle C', c'est-a-dire est 48°.

Il n'y a plus à déterminer que l'hypoténuse : on l'aura par les moyens donnés ci-dessus.

172. Si l'un des angles d'un triangle rectangle se trouvait plus grand que 70°, il serait difficile d'opérer par son sinus avec une grande exactitude, vu le peu d'espace qu'occupent sur la ligne des sinus les degrés de 70 à 90. Par cette raison, lorsque ce cas se présente, on se sert de la tangente de l'autre angle aigu (n°s 161 et 169); ou bien encore on emploie, pour déterminer le côté opposé à l'angle, l'opération fondée sur ce que *le carré de l'hypoténuse est égal aux carrés des deux autres côtes du triangle.* En conséquence, on fait le carré de l'hypoténuse, on en retranche le carré du côté connu, et la racine carrée du restant exprime la grandeur du côté cherché.

Exemple. L'hypoténuse est $a = 600^m$, le côté connu est $c = 400$: quelle est la grandeur du 3^c côté b ?

Le carré de l'hypoténuse $a = 600$ est... 360000
Si l'on en déduit le carré du côté $c = 400$,
　qui est............................ 160000

Il restera............ 200000

En cherchant (n° 48) la racine carrée de 200000, on aura 447,25, nombre qui exprime en mètres la grandeur du côté cherché b.

§ 2.

Triangles obliquangles.

173. *Dans tout triangle rectiligne, le sinus d'un angle est au côté opposé à cet angle, comme le sinus de tout autre angle du même triangle est au côté qui lui est opposé.*

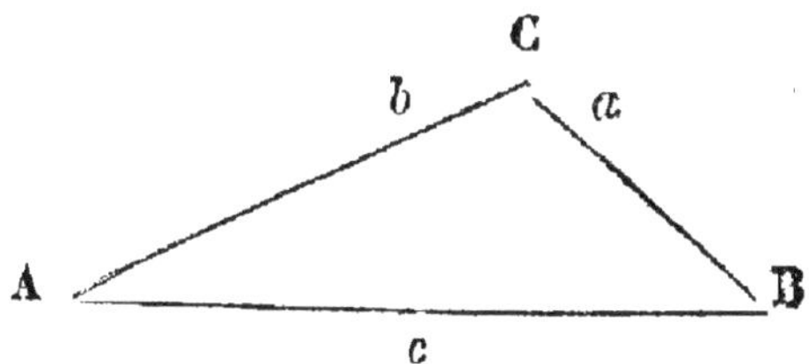

On suppose que, dans le triangle ACB,

Le côté c est de 640 mètres;
Le côté b est de 487 id.
Le côté a est de 270 id.
L'angle C est de 112 degrés;
L'angle B est de 45 id.
L'angle A est de 23 id.

174. Les trois angles d'un triangle valent ensemble 180°.

175. Lorsqu'un des angles est de plus de 90°, on emploie à sa place son supplément, c'est-à-dire ce qu'il faudrait ajouter à cet angle pour qu'il valût 180°.

176. Dans le triangle donné en exemple, l'angle C vaut 112°; son supplément ou sa différence à 180° est 68° : on prendra donc sur la ligne des sinus, où l'on ne trouverait pas 112°, le sinus de 68°.

177. *Premier cas.* On connaît le côté $a = 270^\mathrm{m}$, et les angles B $= 45°$ et C $= 112°$.

Le troisième angle A, étant 180° moins 112 et 45, c'est-à-dire moins 157°, vaudra 23°.

178. En retournant la Coulisse, et en amenant le sinus de l'angle A $= 23°$ sous le côté connu $a = 270^\mathrm{m}$, on trouvera les côtés b et c au-dessus des sinus des angles B et C; ainsi l'on verra :

Ligne supér. $a = 270$ $b = x = 487$ $c = x = 640$

Lig. des sin.   sin. A $= 23°$ sin. B $= 45°$ sin. C $= 68°$

179. *Deuxième cas.* On connaît deux côtés: $a=270$, $b=487$; et l'angle $A=23^o$, opposé au côté a.

Amenant le sinus de l'angle connu $A=23^o$ sous le côté $a=270$, qui lui est opposé, on aura (n° 178) l'angle B sous le côté $b=487$: ainsi l'on verra :

Ligne supér. .	$a=270$	$b=487$
Lig. des sinus.	sin. $A=23^o$	sin. $B=x=45^o$

Le troisième angle C sera 112° (n° 174). En prenant son supplément (n° 175), qui est 68°, on verra sur la ligne supérieure le troisième côté $c=640$ vis-à-vis sin. $C=68^o$.

180. *Troisième cas.* On connaît deux côtés : $a=270$, $b=487$, et l'angle compris $C=112^o$.

181. *Dans tout triangle rectiligne, la somme de deux côtés est à leur différence comme la tangente de la moitié de la somme des deux angles opposés est à la tangente de la moitié de leur différence.*

La somme des deux côtés connus $a=270$ et $b=487$ est 757; leur différence est 217.

L'angle connu C valant 112°, les angles A et B vaudront (n° 174) ensemble 68°, dont la moitié 34° a pour tangente [1] 675; la proportion sera donc

$$757 : 217 :: 675 : x=193,50.$$

Le quatrième terme 193,50 exprime la grandeur de la tangente de la moitié de la différence des angles cherchés A et B.

---

[1] On trouve que la tangente de 34° vaut 675, en présentant la ligne *des tangentes* contre la ligne supérieure (voyez n°s 154 et 160), ou en tirant la Coulisse jusqu'à ce que l'extrémité de la Règle marque 34° sur la ligne des tangentes. (Voyez n°s 157 et 160.)

En présentant la ligne des tangentes contre la ligne supérieure de la Règle, on verra que la grandeur 193,50 correspond à la tangente de 11°, moitié de la différence des angles cherchés : ainsi cette différence sera 22°.

Sachant que la somme des angles cherchés A et B est 68°, et que leur différence est 22°, on déterminera chacun de ces angles d'après le principe suivant :

182. *La plus grande de deux quantités est égale à la moitié de leur somme, plus la moitié de leur différence ; et la plus petite est égale à la moitié de leur somme, moins la moitié de leur différence.*

On aura donc le plus grand angle **B**, opposé au plus grand côté *b*, en ajoutant

à 34° moitié de la somme des 2 angles,
11 moitié de leur différence.

Total 45°, mesure de l'angle **B**.

On aura le petit angle **A** opposé au petit côté *a*, en retranchant

de 34° moitié de la somme des 2 angles,
11 moitié de leur différence.

Reste 23°, mesure de l'angle **A**.

Les trois angles étant connus, on aura le troisième côté *c*, en faisant :

Ligne supér. $a=270$ $b=487$ $c=x=640$

Ligne des sinus. sin. $A=23°$ sin. $B=45°$ sin. $C=68°$ (112

183. *Quatrième cas.* On connaît les trois côtés : $a=270$, $b=487$, et $c=640$.

184. *Dans tout triangle rectiligne, si l'on élève sur le plus grand côté une perpendiculaire par l'angle*

opposé, le côté sur lequel on a élevé la perpendiculaire est à la somme des deux autres côtés, comme la différence de ces mêmes côtés est à la différence des segments formés par la perpendiculaire.

Le plus grand côté est ici $c = 640^m$.

La somme des 2 autres côtés $a = 270$ et $b = 487$ est 757^m.

La différence des 2 mêmes côtés est 217^m.

La proportion sera donc :

$$c = 640 : 757 :: 217 : x = 256{,}67.$$

Le dernier terme 256,67 exprime la différence des deux segments. On sait que leur somme ou le côté c est 640 : en cherchant la valeur de chaque segment d'après le principe donné n° 182, on trouvera 448,33 pour le plus grand, et 191,67 pour le plus petit.

185. La perpendiculaire élevée sur le grand côté par l'angle opposé, partage le triangle qu'on veut résoudre en deux triangles rectangles dont on déterminera facilement toutes les proportions par l'un des moyens indiqués (n°s 165 et suivants), puisqu'on connaît dans chacun d'eux l'angle droit, l'hypoténuse et un côté.

186. La perpendiculaire élevée sur le grand côté par l'angle opposé, est la mesure de la hauteur du triangle, qui doit toujours être connue lorsqu'on veut évaluer la surface de ce triangle.

187. On a pu voir par ce qui a été dit sur la résolution des triangles rectangles (n°s 165 et suivants), que cette perpendiculaire était facile à déterminer par les deux angles qui lui sont opposés et par les deux côtés du triangle, qui deviennent les hypoténuses des rectangles formés par la perpendiculaire.

On fera seulement remarquer ici qu'on aura un résultat beaucoup plus exact en opérant par le plus petit des 2 angles. (Voyez n° 172.)

188. On n'a pas cru nécessaire de donner des exemples plus détaillés de l'application de la Règle à Calcul aux diverses opérations de la trigonométrie, ce qui a été dit ayant paru suffisant pour donner une idée des avantages que cet instrument présente aux géomètres.

On ajoute quelquefois à la Règle à Calcul une pièce en cuivre qui peut glisser le long de l'instrument. Elle donne le moyen d'établir plus exactement la coïncidence des traits de la ligne supérieure avec ceux des lignes des sinus et tangentes. On peut encore s'en servir pour marquer le point où l'on est arrivé par une première opération, lorsqu'on a besoin d'en faire une seconde pour parvenir au résultat.

TABLE DES MATIÈRES.

DEUXIEME PARTIE.

TROISIÈME PARTIE.

REVERS DE LA COULISSE.

FIN DE LA TABLE.

DIJON, IMPRIMERIE DE DOUILLIER.

9 782329 770994